AF590309

LA TERRE ET L'HOMME

AVANT ET APRÈS

LE DÉLUGE

EXTRAIT

DE LA

PHYSIQUE CÉLESTE

PAR

PIERRE BÉRON

Prix : 3 fr.

PARIS

GAUTHIER-VILLARS
SUCCESSEUR DE MALLET BACHELIER
55 quai des Augustins

F. SAVY
24, rue Hautefeuille

CHEZ TOUS LES LIBRAIRES
DÉPOT CHEZ T. HAZZIFILO
6, rue du Conservatoire

1867

EXTRAIT

DE LA

PHYSIQUE CÉLESTE

CONTENANT

L'ÉTAT DE LA TERRE ET DE L'HOMME

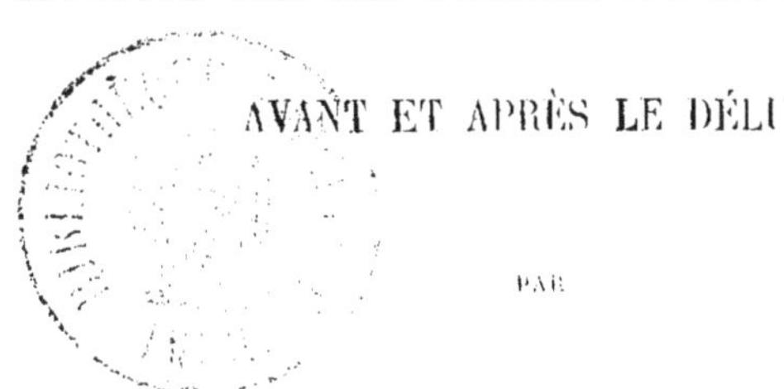

AVANT ET APRÈS LE DÉLUGE

PAR

PIERRE BÉRON

PARIS

GAUTHIER-VILLARS
SUCCESSEUR DE MALLET-BACHELIER
55, quai des Augustins

F. FAVY
24, rue Hautefeuille

CHEZ TOUS LES LIBRAIRES

DÉPOT CHEZ T. HAZZIFILO
6, rue du Conservatoire

1867

Paris. — Imprimé par E. Thunot et Cᵉ, rue Racine, 26

PRÉFACE

Cet ouvrage contient le mode de production des faits appartenant à toutes les sciences, mais dans chaque science isolément ces faits paraissent inabordables à l'intelligence humaine. Ici j'ai démontré qu'en effet l'explication de chaque fait séparément est tout à fait impossible, car dans le Monde l'ensemble des faits se produit : 1° par un mouvement qui est l'expansion des molécules d'un fluide indéfiniment comprimé, et 2° par l'inégale densité de ces molécules qui se mêlent quand elles viennent en contact. C'est l'inégalité de la densité qui produit l'*affinité*. Je ne fais qu'indiquer quelques-unes des séries de fait qui ont trouvé leur explication.

Astronomie. On sait que les corps célestes circulent sur des orbites isoles dans l'espace ; je démontre ici : 1° pourquoi les comètes circulent sur des orbites non isolés, et 2° pourquoi les aérolithes qui circulaient dans l'espace se précipitent sur la Terre.

Géologie. Tous les changements terrestres se sont opérés graduellement, en y comprenant même les éruptions volcaniques et les tremblements de terre ; je fais voir ici que la séparation des deux colonnes d'air qui étaient dans les prolongements de l'axe terrestre a occasionné un changement exceptionnel et général.

1° La présence de ces colonnes d'air en empêchant la chaleur de s'éloigner produisait une élévation de température dans les régions polaires ; leur séparation subite a produit un abaissement de température et a occasionné en même temps un coup de vent qui s'est dirigé vers les pôles avec une violence telle : 1° qu'il a détruit les villes et enseveli les ruines dans une couche de sable qu'il avait apportée ; 2° qu'il a enlevé les animaux dans leur pâturage simultanément avec l'argile, les fragments de roches, les hommes qui se trouvaient là, et les a poussés dans les cavernes ouvertes vers ce vent ; 3° qu'il a arraché les feuilles des arbres, enlevé les poissons des lacs, brisé les roches schisteuses et les a conduits dans les cavernes ; 4° qu'il a enlevé des fragments de roches, d'argile de sable et les a projetés vers le nord, loin de leur pays d'origine ; 5° enfin, qu'il a enlevé les gros animaux de l'Europe, l'Amérique et l'Asie, et les a déposés autour de l'embouchure de Lena dans la mer glaciale.

2° La séparation des colonnes d'air a fait diminuer la pression barométrique, et c'est ainsi que s'est produite l'éruption d'un grand nombre de volcans dont les déjections ont formé des chaînes de montagnes qui diffèrent des autres en ce que leur surface est brute.

3° La pression barométrique des colonnes d'air dans les grandes latitudes y a produit un abaissement du niveau qui s'était élevé dans l'équateur; après la séparation des colonnes, le niveau s'est établi à l'aide des masses d'eau qui se sont précipitées de l'équateur vers les pôles; ces masses d'eau avaient couleur rougeâtre semblable à celle de l'eau du Nil, et elles ont communiqué cette teinte à l'argile à laquelle on donne le nom de *grès rouge*.

4° Le dépôt de 150 mètres d'épaisseur des fleuves le Mississipi, le Gange et le Pô nous fait voir qu'il y a 150,000 ans il ne tombait pas de pluie, le dépôt de 13 mètres d'épaisseur à Thèbes et à Memphis nous montre qu'il y a 13,000 ans le Nil s'écoulait de la Nubie dans la mer Rouge; le dépôt de 6 mètres dans le Delta actuel nous enseigne qu'il y a 6000 ans le Nil ne s'écoulait pas dans la Méditerranée. C'est ainsi qu'on a trouvé la preuve géologique de l'époque du Déluge.

5° Il y a des sillons, des stries, des surfaces polies sur les roches où les latitudes sont supérieures à 39 degrés; on voit par là que les torrents cataclystiques ont été couverts de glaçons au delà de cette latitude.

6° Il y a de gros blocs détachés des montagnes qui se trouvent à des distances de 300 à 400 lieues, sans que l'ordre de leur disposition soit changé; les fragments de roches sont les *blocs erratiques*.

Archéologie. Les grandes villes telles que Thèbes, Philae, Éléphantine, Syène, Apollinopolis Magna, Éléthya, Latopolis, Hermontis, Abydos, Memphis, Babel, Ninive, Palmyre, etc., se trouvent toutes dans une zone géographique dont la latitude ne dépasse pas 36 degrés. Avant le Déluge, l'homme séparé de ses troupeaux pouvait avancer jusqu'à l'Europe, où il se nourrissait de gros animaux, mais il y mourait sans laisser de postérité.

Après le Déluge, le climat des villes susnommées changea tellement, que des habitants, dont la densité correspondrait à ce que comportaient l'enceinte et la magnificence de ces villes, ne pouvaient y trouver leur subsistance. Toutes ces villes sont donc restées désertes depuis le Déluge. On a eu moins de peine à fonder le Caire qu'on n'en aurait eu à restaurer Memphis, détruite et ensevelie sous le sable.

Anthropologie. Le lecteur trouve ici la solution de tous les problèmes relatifs au genre humain :

I. 1° Pourquoi les laboureurs ont un culte; 2° pourquoi les peuplades qui se nourrissent de produits naturels, tels que les plantes ou les animaux, n'ont aucun culte; 3° pourquoi parmi les peuplades nomades les unes pratiquent un culte, tandis que les autres n'en ont aucune notion.

II. Pourquoi l'homme, qui était de nature herbivore, est devenu omnivore.

III. 1° Pourquoi parmi les peuplades sauvages les unes sont anthropophages et les autres ne le sont pas; 2° pourquoi il n'y a pas d'anthropophages en Asie, en Europe et au nord de l'équateur; 3° pourquoi les anthropophages sont rares en Amérique et dans l'Afrique du Sud, tandis qu'ils sont très-nombreux dans les autres parties de l'hémisphère sud.

IV. Pourquoi parmi les peuples civilisés il y en a eu plusieurs millions qui parlent une langue subdivisée en dialectes, tandis que chaque peuplade sauvage se compose d'un millier d'hommes parlant une langue sans aucun dialecte.

Histoire. On verra ici : 1° pourquoi les nations qui ont eu des historiens particuliers, savoir les Chinois, les Égyptiens, les Grecs et les Latins, se trouvent occuper toujours le même pays; 2° pourquoi depuis des siècles il s'opère des émigrations dans des pays inhabités par des colons qui abandonnent leur pays dont la population est exubérante ; 3° pourquoi les historiens grecs et latins parlent de peuples qui se sont disloqués et transportés d'un pays à un autre ; 4° comment s'opèrent les invasions des habitants d'un pays dans un autre pays limitrophe; 5° enfin, comment a eu lieu l'occupation de l'Europe par les ancêtres de ses habitants actuels venus de l'Inde.

Géographie. Les noms géographiques des pays et des montagnes de l'Inde d'avant le Déluge sont restés conservés jusqu'à nos jours. Ces noms, lus de droite à gauche, indiquent en langue slave que les ancêtres des habitants de l'Asie et de l'Europe sont sortis de la presqu'île Malacca. Partout où les Slaves ont passé pour aller de l'Inde aux pays qu'occupent aujourd'hui leurs descendants, ils y ont laissé des noms tirés de leur langue, de sorte qu'il est impossible de révoquer en doute l'origine des ancêtres de cette grande nation. Cette découverte n'a pu être faite par des géographes qui ignoraient la langue slave; elle n'a pas été faite non plus par les géographes slaves, parce qu'aucun d'eux ne s'est avisé d'essayer de lire les noms géographiques de droite à gauche, à l'exemple des Orientaux.

Philologie. Avant le Déluge, quand la ville de Thèbes dépassait par sa grandeur et ses monuments toutes les villes de la Terre, il y a eu une expédition contre l'Inde. La flotte égyptienne, composée de 400 voiles, aborda la rive occidentale du fleuve Indus. Après un grand nombre de batailles qui ne durèrent pas moins de vingt ans, la guerre finit par la prise de la capitale du pays. Ces détails se trouvent dans un poëme célèbre sur cette expédition, poëme dont on a retrouvé une partie; les historiens qui ont visité l'Égypte il y a 2400 ans, parlent des récits des prêtres sur cette expédition. Depuis le commencement de notre siècle, on a découvert sur les murs des temples les tableaux représentant les batailles de cette expédition, dont les chefs étaient Hellènes; leurs adversaires, qui habitaient autour de l'Indus, étaient Slaves. Le souvenir de cette expédition est resté conservé chez les Hellènes après le Déluge.

En comparant : 1° les principaux détails de l'expédition de la flotte composée de 400 voiles qui a abordé la rive de l'Indus où la guerre a duré vingt ans, et 2° les détails principaux de l'expédition de la flotte des Hellènes composée de 1000 voiles qui a abordé la rive du Scamandre où la guerre a duré dix ans, je suis parvenu à découvrir dans l'Iliade une imitation ou une parodie du poëme composé avant le Déluge, poëme qui contient la description de la ville de Thèbes à cette époque. On trouve aussi cette même description dans l'Iliade, et c'est ainsi qu'on a pu se convaincre qu'Homère avait puisé ses documents sur Thèbes dans le poëme antédiluvien et qu'ils n'étaient pas le résultat d'un voyage. Le roi Memnon se trouve en Égypte, le roi Agamemnon en Grèce. Autour de l'Indus se trouvent des Slaves, autour du Scamandre se trouvent encore des Slaves.

Psychologie. Dans la conception d'Adam par les rayons du Soleil, a été déterminée sa vie, celle d'Ève et celle du genre humain. C'est au moyen de la langue que l'homme s'est créé une âme à l'aide des éléments des rayons solaires; ces éléments sont ceux des deux électricités. L'expansion éternelle de ces éléments est la vie de l'âme indépendante de la vie précaire du corps.

Culte. On ne rencontre aucune trace de culte chez les peuples sauvages; tous les laboureurs, au contraire, pratiquent un culte. Après avoir jeté la semence dans la terre, ceux-ci dirigent leurs regards vers le ciel en le priant de favoriser leurs récoltes, d'où dépendent leur vie et celle de leurs enfants.

Dogmes. La *Triade* est le dogme principal de l'homme avant et après le Déluge; elle se compose de trois objets différents personnifiés et dont chacun possède un pouvoir infini. La Triade n'est pas composée de trois objets égaux, comme on la représente dans l'apparition d'Abraham, elle est formée de :

Osiris, Isis, ἱέραξ;
Jupiter, Junon, l'Aigle;
Le Père, le Fils, la Colombe.

La liaison entre les deux êtres personnifiés est indiquée dans les deux cas par l'amour conjugal et dans l'autre par l'amour paternel; dans les trois cas le troisième être est représenté par un oiseau qui est le symbole du mouvement.

Avant le Déluge et avant Jésus-Christ il n'existait pas de schisme; il ne s'en est produit qu'à l'époque des synodes œcuméniques, synodes dans lesquels les gens les plus savants cherchaient des preuves physiques des objets dogmatiques. Les dogmatistes voulaient qu'on crût à une Triade sans demander aucune explication à ce sujet. Le résultat de toutes ces controverses a été la création du mahométisme qui a pris un grand accroissement et qui se soutient à cause de l'ignorance des chrétiens, qui jusqu'à présent n'ont pu se rendre compte de la signification allégorique de chacune des trois personnes composant la Triade. Après cette grande découverte, le devoir le plus sacré d'un chrétien est d'instruire ceux qui ignorent la vérité.

Allégorie dogmatique. L'âme de l'homme est l'organe qui a donné naissance aux dogmes; ces dogmes indiquant des objets existant au Monde sont la base de l'unique religion.

Osiris, Jupiter, le Père indiquent l'électricité positive;

Isis, Junon, le Fils indiquent l'électricité négative;

ἱέραξ, l'Aigle, la Colombe indiquent l'expansion des deux électricités.

I. Les molécules composant les deux électricités ne diffèrent qu'en ce qu'elles sont plus denses dans l'électricité positive et moins denses dans l'électricité négative; ainsi le Fils est ὁμοούσιος, ou il a la même substance que le Père.

II. L'expansion existe dans les molécules des deux électricités, *expansion* indiquée par l'oiseau ou l'esprit qui procède du Père et du Fils.

Au moment du contact des molécules des deux électricités, ce sont les plus denses qui procèdent et qui pénètrent dans les moins denses; dans ce cas l'esprit procède du Père seul et indique l'amour paternel.

Les deux dogmes étant inséparables, chacune des deux Églises est en défaut; pour se compléter l'une et l'autre, il est indispensable qu'elles s'unissent.

III. Adam a été engendré par les rayons solaires; son développement s'est opéré dans un animal auxiliaire neutre. Ève a été conçue par le sperme d'Adam et elle a été développée aussi dans un animal auxiliaire.

Phtah, l'expansion sous forme de feu céleste, a fécondé la vache, la mère d'Apis, qui passait pour vierge même après avoir enfanté.

Les détails sur les dogmes seront publiés après la *Physicochimie*, car il faut connaître d'abord la physique pour se mettre en état de comprendre les allégories des dogmes. Par exemple :

La colombe, qui indique l'expansion des rayons solaires, d'après le dogme a fécondé la mère de Jésus; ainsi, de même qu'Adam, Jésus a été engendré par le ciel.

Ève a été conçue par le sperme d'Adam et elle s'est développée comme Adam. Dans le nouveau dogme on trouve l'allégorie de ce développement d'Ève, mais on n'y rencontre aucune notion sur la différence de conception d'Adam (Jésus) et d'Ève (Marie).

TABLE DES MATIÈRES.

LA TERRE ET L'HOMME

AVANT ET APRÈS LE DÉLUGE

§ 192. Les naturalistes de tous les temps ont passé leur vie à chercher à découvrir sur la Terre des minerais et des restes de corps organisés. Quant à moi, j'ai passé la majeure partie de mon existence à étudier les découvertes des autres et c'est ainsi que je suis parvenu à trouver l'origine commune de tous les faits, savoir l'origine de l'Univers, celle de la Terre et celle de l'homme. Mes ouvrages ne contiennent donc pas autre chose que ceux des naturalistes; ils n'en diffèrent qu'en ce que je ne fais pas servir les faits découverts à en chercher l'origine déjà trouvée, et si je rapporte un certain nombre de faits découverts, c'est seulement à titre d'exemples.

A l'avenir, les lecteurs, au lieu d'étudier les découvertes dont le nombre va toujours croissant, n'auront à se préoccuper que de l'origine des faits et de leur mode de production, non d'après les lois logiques, mais d'après la seule loi physique qui est en même temps loi logique. On a dit : 1° *que les faits sont précédés par les actions*, et 2° *que les actions sont précédées par les forces;* je démontre :

1° Que la *force* est la rupture d'équilibre d'un fluide;

2° Que l'*action* est l'expansion du fluide;

3° Que le *fait* est l'établissement de l'équilibre du fluide.

Le *Déluge* a été une action, il a été précédé par une force et il a eu pour effet l'état actuel de la Terre et de l'homme. Je n'ai pas besoin de mentionner tous les détails de l'état actuel et ceux qui ont précédé; il me suffit de prouver les actions ou l'écoulement des fluides occasionnés par des ruptures d'équilibre, et je ne rapporte qu'un petit nombre des découvertes des naturalistes, et seulement à titre d'exemples, tels que le Déluge ou l'action ne sert qu'à prouver : 1° la rupture d'équilibre qui l'a précédée, et 2° l'établissement de l'équilibre qui en est résulté.

J'ai trouvé que la rupture d'équilibre qui a occasionné le changement d'état de la Terre et de l'homme a été causée par la séparation des deux colonnes d'air qui se trouvaient dans le prolongement des deux extrémités de l'axe terrestre. Ceux qui n'ont pas lu celui de mes ouvrages qui précède celui-ci supposeront peut-être que j'introduis l'existence de ces colonnes d'air comme hypothèse pour expliquer les faits observés. Je crois devoir prévenir les lecteurs qui sont dans ce cas qu'il n'y a pas d'hypothèses dans mes ouvrages et que la manière spontanée dont les faits sont coordonnés les forcera à aller chercher le mode de la formation des deux colonnes d'air que j'ai exposé dans la quatrième section du tome précédent.

I. ÉTAT DE LA TERRE ET DE L'HOMME PENDANT LA PRÉSENCE DES DEUX COLONNES D'AIR.

§ 193. La pression barométrique actuelle est égale sur presque toute la surface de la Terre; on voit par là que l'épaisseur de l'atmosphère est égale, s'il n'y a qu'un faible excédant de pression dans les hautes latitudes, excédant qui indique qu'il y existe une épaisseur atmosphérique supérieure analogue à celle que la colonne d'air y a produite.

La présence des deux colonnes d'air a exercé une pression barométrique $\mathbf{p}$ une centaine de fois plus forte que la pression actuelle p qui ne diffère pas de celle qui existait avant le Déluge dans la région équatoriale, parce que le diamètre des bases des colonnes d'air ne différait pas du diamètre de l'atmosphère actuelle.

1° Le niveau de la mer était abaissé aux pôles et élevé à l'équateur; 2° dans la zone torride, la température ne différait pas de la température actuelle, tandis que celle des latitudes supérieures était plus élevée que la température actuelle parce que les masses d'air y exerçaient une résistance contre l'éloignement de la chaleur.

1° L'homme et les animaux actuels ont été produits dans la région équatoriale, où la pression barométrique était *p*. 2° Les plantes et les animaux ayant une structure correspondant à la pression **p**, ont été produits dans les hautes latitudes. L'homme peut supporter une pression barométrique de plusieurs atmosphères pendant un certain temps, mais il finit par périr quand la pression est trop grande. Les restes humains découverts dans l'Europe occidentale montrent un état sporadique de l'homme, car il n'y avait que des chasseurs africains égarés qui passaient en Europe, unie avec l'Afrique avant le Déluge. Les habitants de l'Europe occidentale sont les descendants des peuplades qui y sont venues de l'Asie après le Déluge, car tous ceux qui habitaient en dehors de la zone torride cessèrent de vivre au moment où les deux colonnes d'air se séparèrent. Les débris humains ne peuvent donc servir qu'à prouver qu'avant le Déluge, l'homme existait simultanément avec les animaux qui ont péri au moment de la séparation des colonnes d'air.

Les pluies diluviennes formées dans les colonnes d'air étaient une centaine de fois plus abondantes que les pluies actuelles. En s'écoulant, les masses d'eau ont brisé les roches, et en enlevant les fragments, elles les ont déposés dans les bassins; de sorte qu'avant l'apparition des pluies la surface de la Terre était *amorphe* et irrégulière, tandis qu'aujourd'hui elle est façonnée d'après la loi hydraulitique, car toutes les vallées conduisent l'eau des continents dans les mers.

Les restes des plantes ont été conduits par les eaux dans les bassins et s'y sont transformés en houille. Les éléments du carbone se combinant avec ceux de l'eau, mettent en liberté la chaleur latente qui chauffe les fournaises volcaniques (§ 79). Les gaz y contenus ont exercé contre la paroi une poussée répulsive **r** inférieure à la résistance de la somme $s + \mathbf{p}$, s étant la partie solide de la paroi et **p** la pression barométrique qui a disparu au moment de la séparation des deux colonnes d'air.

II. MODE DE PRODUCTION DU DÉLUGE PAR LA SÉPARATION DES DEUX COLONNES D'AIR.

§ 194. La séparation des deux colonnes d'air a été une action causée par une rupture d'équilibre, rupture dont j'ai parlé dans la quatrième section du tome précédent. A son tour, cette séparation des colonnes d'air est devenue la cause des ruptures d'équilibre de plusieurs espèces, et chacune de ces ruptures d'équilibre est devenue aussi à son tour la cause de l'écoulement d'un fluide. Je ne fais pas autre chose que d'exposer les actions déjà terminées et de rapporter un certain nombre des faits qui ont été produits par elles.

Le changement d'état de la Terre et de l'homme a été produit par des actions qui ont été l'écoulement des fluides, et ces fluides ont produit des faits qui se sont conservés. Avant que les naturalistes connussent les espèces de fluides écoulés et l'ordre qu'ils ont suivi, il leur était impossible de coordonner les faits découverts pour en déduire la cause; ils pensaient que le nombre des faits était encore trop minime pour qu'on pût en déduire la loi d'après laquelle ces faits se sont produits.

Pour mettre les naturalistes en état de se former une conviction relativement à la découverte des lois d'après lesquelles les faits se produisent, j'ai entrepris d'exposer le mode de production de l'ensemble des faits ; mais ne pouvant trouver qu'un très-petit nombre de lecteurs, attendu que les gens âgés ne sont plus capables de s'occuper de l'étude des lois physiques, je me suis borné à exposer avec détails les différentes espèces d'actions qui ont accompagné le Déluge, parce que leurs effets sont trop évidents pour avoir besoin d'être expliqués par des hypothèses logiques. Cependant tous les naturalistes ont considéré de pareils effets comme problématiques.

De leur côté, les géologues actuels saisiront cette occasion de s'affranchir : 1° des hypothèses des chimistes qui ne leur permettaient de changer aucune des soixante-dix espèces d'éléments primitifs, et 2° des hypothèses des astronomes qui n'admettaient pas que la production des faits cosmiques pût avancer, mais pensaient que l'équilibre ayant été déjà établi dans l'Univers, il n'y a plus que des périodicités de durées très-courtes et des périodicités de durées très-longues. Les astronomes et les chimistes ont dit que les géologues voyageurs étaient incapables de donner aucune explication des faits observés, et ces derniers n'ont pas cherché à réfuter cette assertion. Quant à moi, je m'adresse aux géologues qui ne peuvent méconnaître la concordance qui existe entre les espèces d'actions suivantes et les espèces d'effets qui en sont résultés.

§ 195. I. **Séparation de l'air.** Au moment de leur séparation, les deux colonnes d'air ont produit sur la surface de la Terre un coup de vent dont l'intensité et la direction étant connues, les effets correspondants ne pouvaient manquer. Ces effets sont : I. l'enlèvement des animaux à leurs pâturages; II. la rupture des roches et l'enlèvement de leurs fragments; III. la translation de ces corps, 1° des versants des montagnes exposés à l'équateur au delà des cimes pour se déposer sur les versants exposés au pôle; 2° l'introduction de ces corps dans les cavernes, les grottes et les fentes de roches dont l'ouverture n'est pas dirigée vers le pôle; 3° la translation des gros animaux de chaque hémisphère pour rester accumulés dans la région d'où s'est opéré le détachement de la colonne d'air au moment de sa séparation; 4° le vent a coupé les arbres des forêts et en a tiré les troncs; 5° il a tiré en haut les arbres des autres forêts et fait sortir les racines du sol.

II. En même temps cette séparation des colonnes d'air, 1° a été cause que la chaleur s'est éloignée rapidement de la surface de la Terre, ce qui a fait baisser la température et a empêché les cadavres de tomber en putréfaction. 2° Elle a fait disparaître la pression barométrique **p** sur la paroi des fournaises volcaniques; ainsi la poussée répulsive **r** des gaz est devenue supérieure à la solidité *s* de l'enveloppe, laquelle a été brisée, et les gaz en s'échappant ont entraîné des masses de déjections volcaniques suffisantes pour produire, par leur accumulation, des chaînes de montagnes. 3° Le niveau de la mer détruit par la pression barométrique **p** dans les régions polaires, s'est établi spontanément par son abaissement dans la région équatoriale et par son élévation dans les régions polaires. Cette translation des eaux vers les pôles à la surface des océans a inondé les parties inférieures des continents, et c'est à ce mode d'inondation qu'on donne le nom de *Cataclysme*. 4° La couche annulaire d'air qui est restée autour de la zone torride s'est répandue spontanément d'après la loi de l'Aérostatique pour former une enveloppe autour de la Terre.

III. Les torrents dirigés vers les pôles ont été couverts de glaçons; sur les mers et sur les plaines ces glaçons se sont avancés vers le pôle, tandis qu'au devant des versants des montagnes les glaçons, en éprouvant une résistance, se sont accumulés et ont formé des amas de grandes altitudes. La disparition de ces amas s'est opérée spontanément par la fusion des glaçons après le Déluge.

PREMIÈRE SUBDIVISION

ÉTAT DE LA TERRE AVANT ET APRÈS LE DÉLUGE.

§ 196. Avant l'apparition des pluies, la surface de la Terre était composée d'un assemblage de pyramides de toute forme et de toute dimension. Depuis l'apparition des pluies, comme je l'ai dit au § 117, jusqu'à la séparation des deux colonnes d'air, il s'est écoulé un millier de siècles. Pendant ce temps, la surface de la Terre a changé et elle est devenue la surface actuelle, façonnée d'après la loi de l'Hydraulique.

Les plus grandes profondeurs entre les bases des pyramides ont formé la paroi du fond des quatre océans Pacifique, Atlantique, Indien et Caspien. Avant l'apparition des pluies et avant le soulèvement des pyramides, la surface de la Terre se couvrit de plantes aquatiques dont une portion se transforma en houille et la plus grande partie exposée au Soleil se changea en minerais. Ces minerais ne diffèrent pas de ceux amenés sur la Terre par les *aérolithes;* c'est pourquoi on les a nommées *aérolithiques.* Toutes les roches anciennes, dont la puissance est énorme, sont composées de ces minerais. Les masses de fer métallique des aérolithes ont été enlevées de la Terre pendant la séparation des colonnes d'air des périodes précédentes. L'écorce du globe composée de ces minerais est nommée *géostrome.*

Le fer métallique a commencé à s'oxyder depuis l'apparition des pluies, dont les torrents ont enlevé la portion oxydée pour la déposer dans le bassin où les mines de ce métal se trouvent à présent. Les restes des plantes ont été également enlevés et déposés au fond des bassins à la surface du géostrome qui couvre la paroi des bassins.

D'une part, ces bassins ont été comblés : 1° par les restes des plantes, et 2° par les minerais amenés par les eaux ; d'autre part, la houille a fait former dans leur fond des fournaises volcaniques, dont la température s'est élevée et la poussée répulsive des gaz a augmenté.

Entre cet état de la Terre avant le Déluge et son état actuel après le Déluge, la différence consiste dans des séries des faits produits par chacune des actions qui sont :

1° Le vent violent dirigé vers le pôle ;

2° L'abaissement de température ;

3° Les éruptions volcaniques ;

4° Les torrents cataclystiques ;

5° Les accumulations des glaçons ;

6° Leur disparition depuis que l'équilibre atmosphérique actuel s'est établi.

Si donc ces espèces d'actions ont eu lieu à la surface de la Terre, il doit s'y trouver des faits correspondant à chacune de ces espèces d'actions. Or les géologues ont découvert un grand nombre de faits pareils, et ils seront satisfaits de recueillir le fruit de leurs travaux ; je leur suis redevable de leurs découvertes, et ils me seront redevables des miennes.

I. En comparant les versants des montagnes qui existaient avant le Déluge avec les versants des montagnes produites par les déjections volcaniques, on trouve que les pluies diluviennes ont façonné toutes les montagnes d'après la loi de l'Hydraulique. Les montagnes produites après le Déluge n'ont pas été façonnées d'après la même loi par les pluies actuelles. Les montagnes postdiluviennes ont une surface brute, et de plus, elles n'ont pas de vallées. Les torrents des pluies actuelles sont trop faibles pour produire le poli de la surface des montagnes et pour y creuser des vallées.

Le Déluge a été produit par la séparation des deux colonnes d'air; les montagnes produites depuis le Déluge ne peuvent avoir ni vallées ni surface polie, comme cela a lieu pour les montagnes qui existaient avant le Déluge. On voit ainsi que la présence des colonnes d'air a été la cause de pluies cent fois plus abondantes que les pluies actuelles.

II. En comparant les amas des fragments de roches et des restes des animaux qui sont à de grandes altitudes avec de pareils amas qui sont à de faibles altitudes, on a trouvé: 1° le niveau des torrents cataclystiques sans glaçons, et 2° le niveau des amas des glaçons. Tous ces amas qui ont été causés par le vent s'étaient déjà produits quand immédiatement à la suite du vent, les eaux soulevées se sont déchaînées, et les torrents n'ont inondé que les parties peu élevées des continents. Tous les amas de fragments d'une faible altitude ont donc été submergés. L'eau rougeâtre des torrents, semblable à celle de l'eau du Nil, leur fit prendre une teinte connue sous le nom de *grès rouge*. Ce grès se trouvant partout a servi à déterminer l'altitude du niveau des torrents à chaque latitude.

III. En comparant les montagnes qui ont une surface polie et des vallées avec les montagnes qui ont une surface abrupte et qui n'ont pas de vallées, on trouve que ces dernières, produites après le Déluge, sont composées de déjections volcaniques, tandis qu'on ne trouve pas de pareilles déjections dans les montagnes à surface polie, lesquelles montagnes existaient avant le Déluge. Ainsi, on a trouvé qu'avant le Déluge il n'y avait pas de déjections volcaniques, et que par suite, il y avait alors absence de volcans.

D'après leur composition, les montagnes postdiluviennes, surtout celles qui sont le moins élevées, contiennent des terrains ignés mêlés avec des trachytes, des laves et des cendres, tandis que les montagnes de la période diluvienne sont *toutes* composées des roches primitives.

J'engage le lecteur à se mettre en garde contre l'erreur des quelques géologues qui ont cru que les versants des vallées produites dans les dépôts des bassins étaient des versants des montagnes. Les couches des dépôts des bassins ont acquis des inclinaisons correspondantes à celle de la paroi du bassin; ces couches ont éprouvé des affaissements et des courbures avant de se solidifier. Les couches des dépôts ne sont horizontales que dans les lacs où elles sont produites sur les parties unies du géostrome qui couvrait les océans; mais la paroi des bassins étant composée de surfaces d'un ensemble de pyramides, n'est nulle part horizontale, les couches ne le sont pas non plus.

Dans les bassins qui ont une telle paroi, les dépositions verticales ont produit des couches dont la partie voisine du fond est plus épaisse que celle qui est près du bord, parce que dans la partie la plus profonde de l'eau la matière en suspension était en plus grande quantité. Si un bassin est en forme de calotte, après avoir reçu de l'eau trouble pendant des siècles à des intervalles inégaux, il finira par être comblé et se changera en plaine. Si alors le lit de l'embouchure inférieure baissait, l'eau qui y pénètre enlèverait des dépôts la partie qui se trouve entre l'embouchure supérieure et l'embouchure inférieure, et il en résulterait une vallée ayant pour versants les bords des couches du dépôt dont les inclinaisons correspondraient à celles de la paroi du bassin.

La direction des inclinaisons des couches des dépôts ne peut indiquer ni plus ni moins que celle des parois des bassins; il n'y existe aucune trace de soulèvement, il n'y a que des abaissements du lit des fleuves des vallées à travers des bassins comblés, vallées qui ont toutes des versants dont le sommet est presque horizontal.

Montagnes anciennes composées des roches aérolithiques. Ces montagnes ont un noyau composé de terrains ignés; ce noyau, en s'élévant, a soulevé le géostrome; la surface s'est couverte de fentes transversales peu inclinées à l'horizon. Le géostrome n'a été percé que par les masses ignées très-copieuses; il s'y est formé dans ce cas aussi des fentes transversales.

Ces fentes, *cavernes* ou *brèches*, ouvertes vers le sud, ont été remplies par les fragments des roches, par du sable et par des restes d'animaux. Telles sont aussi les fentes dans lesquelles se sont formés les minerais qui se présentent à l'état cristallin en forme de *filons* et non semblables aux dépôts des bassins comblés.

I. ÉTAT DE LA TERRE PENDANT LA PRÉSENCE DES COLONNES D'AIR.

§ 197. Les plantes aquatiques ont été formées, 1° des éléments matériels de l'eau, et 2° des éléments électriques des rayons solaires.

Les animaux invertébrés ont été formés par les éléments matériels des plantes et par l'électre composant les sept espèces d'éléments électriques. Ces espèces d'électres ont produit les organes des sens.

Les animaux vertébrés ont été formés après les insectes qui ont produit les ondes sonores où le fluide *échogène* (*Physique*, livre V), car ce fluide est la cause de l'organe de l'ouïe.

Les minerais composant les aérolithes ont été formés par les restes des plantes exposés au Soleil. Ces minerais accumulés ont formé une couche sphérique de quelques lieues d'épaisseur à laquelle on a donné le nom de *géostrome*. Cette couche correspond à l'écorce du globe reconnue par les géologues.

L'anneau aquatique soulevé dans la région équatoriale était la seule mer qui séparât le géostrome en deux calottes, dont les bords étaient arrosés par la mer jusqu'aux pôles d'abord, puis jusqu'aux latitudes inférieures.

Cette transformation des éléments de la glace du poids spécifique de 0,131 en minerais et en air a fait baisser le niveau et diminuer la profondeur de la couche d'eau qui séparait le fond de la mer lequel était formé par le géostrome submergé à la fin de la période précédente.

I. Ce géostrome antédiluvien contient la houille des fournaises dont ont été soulevées les grandes masses ignées; ces masses ont déchiré le géostrome, elles en ont soulevé les gros lambeaux qui sont restés appuyés sur les masses ignées comme autour d'un noyau. Ces montagnes sont les plus élevées dans chaque continent.

II. Les masses ignées des fournaises alimentées par la houille du géostrome diluvien ont été soulevées autour de ces montagnes. Ces masses ignées ont rarement déchiré le géostrome; elles l'ont soulevé à des altitudes moins grandes, et elles y ont produit des fentes transversales.

III. Avant le Déluge, les fournaises de la houille des bassins n'avaient pas expulsé de déjections; les montagnes volcaniques n'existaient pas alors.

Pluies diluviennes et leurs effets. J'ai montré (§117) comment ont commencé les pluies; c'est avec leur concours que les continents se sont couverts de plantes, et ces plantes ont produit d'abord des animaux invertébrés correspondant aux plantes de chaque climat. Après que les scarabés furent formés, les vertébrés et les quadrupèdes se formèrent à leur tour, car avant les pluies il n'y avait pas de quadrupèdes. Dans les latitudes supérieures, les animaux furent doués d'un appareil respiratoire en rapport avec la grande pression barométrique.

Les colonnes d'air favorisèrent à la fois : 1° les pluies abondantes, et 2° la température élevée; il en résulta une végétation luxuriante qui put suffire à la nourriture de millions de gros quadrupèdes.

Une partie des restes des plantes fut entraînée dans les lacs, où elle se transforma en houille; la majeure partie de ces restes fut transformée par le Soleil en minerais qui formèrent les dépôts stratifiés par lesquels ont été comblés les bassins. La régularité des couches des dépôts et l'altitude de leurs bords se manifeste par les altitudes des sources obtenues au moyen des puits artésiens. Les torrents des eaux qui ont ouvert les vastes vallées ne provenaient pas des sources, mais des pluies abondantes.

Les nappes d'eau qui proviennent des puits artésiens se présenteraient comme des sources naturelles dans les versants d'une vallée produite par l'enlèvement des dépôts par lesquels les bassins ont été comblés.

Je montrerai plus bas : 1° que les sources ont leur origine dans les dépôts des minerais des bassins, et 2° que les volcans ont leur fournaise dans les dépôts des restes de plantes accumulés dans les bassins des continents ou sur les côtes de la mer exposées au vent régnant du côté de la mer.

II. ÉTAT DE LA TERRE CHANGÉ PAR LA SÉPARATION DES DEUX COLONNES D'AIR.

§ 198. La poussée exercée dans les molécules d'air en deux directions divergentes provenait du mouvement rotatoire de ces molécules. Cette poussée **r** a éprouvé une résistance **z** à la surface de la zone torride et une autre dans la poussée **p** de la pesanteur. Pour que la séparation s'opérât, il a donc fallu que cette poussée compressive **p** fût vaincue. L'air de la surface de la zone torride a parcouru les latitudes qui séparaient cette zone des régions dont la séparation s'est opérée en suivant le sens du mouvement de rotation.

I. La poussée expansive **r** des molécules d'air a produit : 1° un retard de la rotation de la Terre, et 2° une poussée contre les corps de la surface de la Terre. Ces corps sont restés accumulés dans les brèches, dans les versants exposés au nord et dans les régions où s'est opérée la séparation de la colonne d'air.

II. La présence des colonnes d'air protégeait les latitudes supérieures contre le froid de l'espace, mieux que ne le fait la couche actuelle de l'air ; avant le Déluge, la température de ces latitudes était supérieure à la température actuelle.

III. Avant le Déluge, il n'y avait ni volcans ni déjections, parce que les fournaises chauffées par la houille des bassins contenaient des gaz dont la poussée répulsive **r** n'était pas suffisante pour vaincre la résistance de la paroi composée de sa partie solide *s* et de la pression barométrique **p.** Les éruptions volcaniques ont commencé immédiatement après le Déluge, car le Déluge a eu pour cause la disparition de la pression **p.**

IV. Le niveau de la mer fut détruit par la présence des deux colonnes d'air ; aux pôles, ce niveau était inférieur de 500 mètres environ ; et à l'équateur, supérieur d'autant au niveau actuel.

V. Pendant le déplacement des masses d'eau, les torrents se couvrirent de glaçons qui brisèrent les roches exposées à la direction de ces torrents ; les fragments détachés se précipitèrent sur les amas de glaçons.

VI. La couche annulaire d'air de la zone torride se répandit d'après la loi de l'aérostatique, et c'est ainsi que la forme sphérique de l'atmosphère actuelle s'est établie.

VII. Les climats actuels ont été établis sous cette épaisseur d'atmosphère ; la fusion de glaçons s'est opérée pendant l'été. Dans l'espace d'une dizaine de siècles, les glaçons, en se fondant, se sont éloignés des montagnes ; ainsi les fragments qui s'en sont détachés ont été déposés à de très-grandes distances.

VIII. Les contours des continents ont été produits : 1° par le changement du niveau des océans et des mers ; 2° par les directions des torrents cataclystiques. Ces torrents ont produit un simple changement de niveau sur les côtes qui n'y ont opposé aucune résistance, tandis que sur les côtes exposées contre leur direction, les torrents ont brisé les roches et en ont enlevé les fragments. La place de ces fragments est restée occupée par l'eau et a formé des ports, des golfes et des détroits.

IX. Avant et après le Déluge, le fond de la mer équatoriale était le même; les bords des deux calottes du géostrome formaient les côtes de cette mer avant l'apparition des pluies. Les parties inférieures du géostrome inondées par les eaux des pluies devinrent le fond de la *mer nouvelle* dont le niveau était déterminé par la pression barométrique.

Le fond actuel des océans, 1° dans les régions équatoriales, ne diffère pas de leur fond ancien; 2° au delà de ces régions le fond est composé de la surface du géostrome affaissé. Dans la position du câble transatlantique, la plus grande profondeur a été trouvée de 7000 mètres. Au sud du grand banc de Terre-Neuve, le fond n'a pas été trouvé à 10000 mètres. On voit par là qu'il n'y a pas de géostrome à de pareilles profondeurs; le fond de ces profondeurs se trouve à la surface du géostrome inférieur de la période antédiluvienne.

X. Avant le Déluge, la Méditerranée étant isolée de l'Atlantique, avait son niveau élevé du côté de l'Afrique jusqu'à Thèbes; il était abaissé du côté de l'Europe, de sorte que les Cyclades faisaient partie des continents. C'est dans le grand bassin de cette région qu'ont été déposés les restes de plantes; la houille qui en a été formée alimente les fournaises volcaniques actuelles des îles de la Méditerranée.

XI. Le bassin caspien était un océan qui avait pour fond les steppes actuelles et les autres parties inférieures : du côté sud, le niveau de cet océan était suffisamment élevé pour être en communication avec l'océan Indien.

CHAPITRE PREMIER.

SÉRIES DE FAITS PROUVANT QUE LES DEUX COLONNES D'AIR SE SONT SÉPARÉES DE LA TERRE.

§ 199. Le passage rapide d'une masse d'air par la surface de la Terre ne produirait pas autre chose que ce que produit un coup de vent dont l'intensité dépend : 1° de la masse d'air, et 2° de sa vitesse. Nous savons : 1° que les comètes sont composées d'une matière gazeuse, et 2° que dans leur périhélie leur mouvement acquiert une vitesse cent fois plus grande que celle de l'air pendant les ouragans. Ainsi il est facile de déterminer les effets que produirait une comète par son choc contre la Terre.

Je démontre ici l'existence de ces effets sur la Terre; mais en les coordonnant on est conduit à reconnaître que deux masses d'air venant de l'équateur en directions divergentes ont parcouru la surface de la Terre et s'en sont séparées. Je n'ai nul besoin de m'assurer de l'existence de ces faits; il me suffit d'en copier la description dans les ouvrages des géologues, et je m'attache notamment à l'ouvrage de D'Archiac, paru en 1866. Ce grand géologue n'entre dans aucun détail à l'égard de cette série de faits; il déclare leur cause physique problématique.

En coordonnant les effets produits directement par un violent coup de vent, je ne me suis pas borné à exposer le mode de production de ces faits, j'y ai encore trouvé la production d'autres espèces de séries de faits telles que : 1° l'abaissement de la température; 2° les éruptions volcaniques; 3° la couche de sable couvrant les monuments anciens de l'Asie, de la Nubie et de l'Égypte; 4° enfin la précipitation de masses d'eau vers les pôles.

L'ensemble des faits ne permet pas de méconnaître leur généralité, sur toute la surface de la Terre, et cependant le nombre des faits de ce genre est minime dans les ouvrages des géologues, et cela à cause de leur singularité qui rend leur explication problématique. Après avoir exposé dans le tome précédent (section IV) l'origine des comètes trouvées dans les planètes, j'ai recueilli un nombre de faits conservés à la surface de la Terre, 1° pour mettre les géologues en état de s'apercevoir que le Déluge a été l'effet de la séparation des deux colonnes d'air qui sont devenues un couple de comètes; 2° pour faire en même temps connaître aux astronomes le mode de production de ces corps célestes d'après la loi physique. Les naturalistes savaient bien que les hypothèses ne conduisent à aucun progrès; cependant les plus âgés qui ont inventé ces hypothèses pour expliquer les faits qu'ils ont découverts n'ont pu se décider à y renoncer quand ils en ont vu l'explication naturelle (1). Jadis, quand il se produisait une nouvelle explication basée sur des hypothèses, elle rencontrait mille objections; les explications des faits exposés ici d'après la loi physique ne permettent aucune objection.

En publiant cet ouvrage, je ne fais qu'indiquer le mode de production des faits connus aux personnes qui se livrent à l'étude de l'une ou de l'autre série de faits. J'invite en même temps ces mêmes personnes à étudier les autres séries de faits, car toutes les séries ont beaucoup de liaison entre elles. J'engage l'astronome à étudier les découvertes du géologue, et le géologue à étudier les découvertes de l'astronome (2).

---

(1) Il y a plus de deux ans que les astronomes connaissent l'*Aperçu général de la Physique céleste* sans avoir consigné dans les journaux leur opinion sur cet ouvrage. On peut induire de ce silence qu'ils n'ont pas trouvé d'objections à faire.

(2) Les astronomes s'occupent en ce moment de constater le rapport qui existe

Pour rendre l'exposé des faits plus facile, j'en copie la description dans les ouvrages des géologues, et notamment dans celui de d'Archiac ; car je ne rapporte ici ces faits qu'à titre d'exemples, pour montrer la violence du coup de vent, sa direction et sa généralité. Ces exemples ont été tirés : 1° de la destruction des forêts fossiles; 2° du mélange des quadrupèdes des champs avec le sable, l'argile et les fragments détachés des roches et leur introduction dans les cavernes, les brèches et les fentes de roches ; 3° des accumulations de millions de gros quadrupèdes dans la mer Glaciale et sur ses côtes ; 4° enfin de l'accumulation du sable, de l'argile, des fragments de roches dont les géologues modernes ont composé le système permien.

Le coup de vent qui a produit ces faits d'après la loi de l'Aérostatique a été accompagné : 1° d'un abaissement de température ; 2° d'éruptions volcaniques; 3° de la précipitation de masses d'eaux. Tous ces faits ayant été produits d'après des lois bien connues ont trouvé leur explication dans ces lois elles-mêmes. Après avoir montré comment le coup de vent n'indique que le moment de la séparation des colonnes d'air, occupons-nous de la description des faits qui en ont été le résultat.

I. FORÊTS DONT LA DESTRUCTION INDIQUE UN COUP DE VENT.

§ 200. Les trombes actuelles qui dévastent les pays atteints ne sont que des coups de vent ; le nombre des arbres

---

entre les essaims d'étoiles filantes du 13 novembre et les comètes. Dans le tome II, section IV de cet ouvrage déjà publié, j'ai prouvé que les comètes font l'office d'une lanterne sourde; elles concentrent les rayons solaires et les mettent en état d'éclairer les météores assez pour les rendre visibles; ce sont donc ces météores qu'on appelle *queue des comètes*. J'ai prouvé aussi que ces météores accompagnent les satellites, les planètes et le Soleil : 1° Ceux qui accompagnent la Lune sont les *bolides* et la *lumière zodiacale ;* 2° ceux qui accompagnent la Terre sont les *étoiles filantes ;* 3° ceux qui accompagnent le Soleil sont les essaims d'étoiles filantes observés le 10 août et le 13 novembre.

brisés ou coupés sert à déterminer la force ou l'anisorropie provenant, 1° de la densité de l'air contenu dans l'espace d'où vient le vent, et 2° de l'air raréfié contenu dans l'espace vers lequel se dirige le vent. Ailleurs, les arbres ne sont pas coupés, mais seulement déracinés.

Si le coup de vent a produit ces faits, maintenant comme d'ici à des milliers d'années, les arbres coupés et charriés et les arbres déracinés ne peuvent qu'indiquer l'intensité d'un coup de vent.

Arbres coupés et charriés. Il existe en Angleterre, à l'île Portland et sur plusieurs points du continent intercalés dans les autres dépôts, une couche de boue et des lits argileux dans lesquels, au milieu d'un grand nombre de débris végétaux couchés et dispersés, on voit divers arbres coupés à la racine et charriés. Ces arbres ne végètent plus dans le climat actuel du pays, ils en sont des espèces pareilles à celles de la zone torride actuelle; ils ont donc végété dans le pays à une époque où le climat y était semblable au climat actuel de la zone torride.

Arbres debout déracinés. On voit divers arbres en place avec leurs racines qui s'étendent jusque dans les fissures du sol calcaire inférieur. Dans les mines de houille de Treuil, d'Anzin (Nord), d'Angleterre, d'Écosse, etc., on voit une couche de terre sur laquelle des arbres sont restés debout avec leurs racines.

En raison de l'état de conservation des parties végétales les plus délicates, dont les feuilles sont étendues sur les schistes, les géologues ont pensé que tous ces arbres ne pouvaient avoir été charriés de loin. Or toutes les plantes dont nous retrouvons les restes dans ces dépôts appartiennent à des familles qu'on ne peut comparer qu'à celles qui végètent à présent entre les tropiques.

Au-dessus de la couche de ces plantes nous trouvons des dépôts considérables où l'on voit nettement les restes des plantes dicotylédones, donc de la végétation actuelle.

Arbres debout inclinés vers l'horizon. La falaise de South-Joggins offre une continuité de forêts fossiles dans la direction S.-N.; elle est composée d'une série de couches parallèles inclinées de 24° au S.-S.-O ayant des épaisseurs différentes comprenant des lits de houille dont l'épaisseur varie de 0ᵐ,35 à 1ᵐ,20. Dans un endroit on voit des troncs d'arbres à 17 niveaux différents sur la falaise; ils ne sont pas dans leur direction naturelle, car au lieu d'être perpendiculaires à l'horizon, ils le sont à la surface de la falaise.

Remarques sur les faits exposés. Parmi les couches des plantes superposées restées debout, les couches supérieures appartiennent au climat actuel et les couches inférieures à un climat intertropical. La cause physique de cette superposition est due à l'existence d'une température élevée provenant de la colonne d'air qui s'opposait à l'éloignement de la chaleur, et c'est ainsi qu'il en est résulté une élévation de température analogue à celle de la zone torride, laquelle alors ne différait pas de la température actuelle, parce que l'épaisseur de la couche actuelle d'air ne diffère pas de celle qui régnait dans la zone torride avant le Déluge.

La température actuelle s'est établie dans les latitudes supérieures à la suite du vent qui a coupé quelques arbres et qui en a déraciné d'autres en changeant leur direction naturelle. Pour que les feuilles des arbres en fussent détachées et allassent adhérer à la surface des schistes, il a suffi d'un coup de vent très-violent qui, en même temps qu'il a détaché les feuilles des arbres a enlevé des fragments de schistes et a poussé les uns et les autres dans la même direction. C'est ainsi que les feuilles sont restées imprimées sur les plaques de schistes.

Le changement de la direction naturelle des arbres qui sont devenus perpendiculaires sur la falaise, indique également une action de l'air, car sa direction a éprouvé des déviations qui dépendaient de l'inclinaison du sol. Les différents niveaux des troncs d'arbres ont eu aussi pour cause le changement de leur position naturelle.

Dans cette série de faits, les géologues ont voulu donner la preuve, 1° d'une action qui a produit des effets analogues à ceux que produisent les coups de vent actuels, et 2° d'un changement du climat. Ici, pour la première fois, ils trouveront que ces deux différentes séries de faits ont été produites par la séparation des deux colonnes d'air.

Afin que dorénavant personne ne puisse plus révoquer en doute cette séparation, j'ai multiplié le nombre des exemples de nature différente. A l'avenir, il sera inutile de donner un aussi grand nombre d'exemples que je le fais aujourd'hui, non pas tant pour les géologues que pour les astronomes, qui ne s'imagineraient jamais de chercher dans la Terre la séparation des deux colonnes d'air, qui circulent actuellement autour du Soleil simultanément avec des centaines de comètes.

II. MODE DE REMPLISSAGE DES BRÈCHES ET DES CAVERNES.

§ 201. Après avoir montré la ressemblance qui existe entre les effets que les trombes actuelles produisent sur les champs et l'état dans lequel ont été conservés les arbres des forêts fossiles, il me reste à rapporter d'autres séries de faits qui ont eu pour cause le même coup de vent. Mais pour n'être pas soupçonné d'avoir modifié en rien la description des faits de ce genre, j'ai emprunté le résumé de l'ouvrage de D'Archiac, qui s'exprime ainsi (p. 701) :

« Quelle que soit l'ancienneté du terrain dans lequel se « trouvent les cavernes et les brèches osseuses depuis les « roches de transition jusqu'aux couches tertiaires, quel « que soit le point de la Terre où on les observe, dans « l'ancien comme dans le nouveau continent, dans l'hémi- « sphère nord comme dans l'hémisphère sud, partout les « débris organiques qu'on y a rencontrés appartiennent à

« la même faune, contemporaine précisément de celle dont « nous recueillons les traces dans les dépôts de transport « des plaines et des vallées.

« Ainsi, la plupart des cavernes, des grottes et beaucoup « de fentes des roches, à quelque terrain et à quelque « pays du globe qu'elles appartiennent, seraient restées « vides pendant des milliers de siècles, car les causes qui « les ont produites ont pu agir dans tous les temps, tandis « qu'à un moment donné presque toutes ont été plus ou « moins remplies par des alluvions locales sableuses ou ar- « gileuses enveloppant les restes de la faune contempo- « raine qui y furent entraînés en même temps. Ce phéno- « mène, qui ne s'était jamais produit avec ce caractère de « généralité, ne s'est pas renouvelé depuis. »

Remarques indiquant les effets de la séparation des deux colonnes d'air. J'ai rapporté cette description très-exacte des faits produits par la séparation des deux colonnes d'air pour faire comprendre au lecteur par quel motif D'Archiac attribua à deux causes différentes, 1° l'a- baissement de température avec les glaçons, et 2° le com- blement des cavernes par les débris de la faune contempo- raine. Ne pouvant unir ces deux séries de faits et les faire résulter simultanément d'une cause commune, le grand géologue a eu recours aux hypothèses et a fait un *anachro- nisme* pour séparer la cause de l'abaissement de tempéra- ture de celle du comblement des cavernes, et cela parce qu'il n'était pas en état de savoir que la séparation de la masse d'air a produit ces faits de nature différente.

Si D'Archiac était au nombre de mes lecteurs, il com- prendrait fort bien que les deux séries de faits ont été con- temporaines, car la séparation des deux colonnes d'air s'est manifestée pendant un moment comme deux violents cou- rants d'air qui ont repoussé dans les cavernes, les grottes et les fentes des débris organiques avec le sable, l'argile et les fragments détachés des roches ambiantes. Quelques-unes des grottes restées vides, comme elles l'étaient dans le principe, sont une preuve manifeste de la direction des deux courants d'air vers les pôles. Les ouvertures de ces cavernes vides sont dirigées vers les pôles.

Brèche osseuse de Pikermi. La grande brèche osseuse de Pikermi, dans la vallée de Kephesus, non loin d'Athènes, a offert des milliers de cadavres d'un grand nombre d'espèces de quadrupèdes. Les os sont de la même époque, ils sont pointus et n'ont subi aucun frottement, et ils se trouvent pêle-mêle dans l'argile, le sable et les fragments détachés des roches. Aussi ne peut-on s'en faire une idée qu'à l'aide de l'action qui a produit cet amas que les géologues ne peuvent s'expliquer. Cela même ne suffit pas, il faut encore y ajouter la teinte rougeâtre de l'ensemble de la masse minéralogique et zoologique où ne sont pas contenus de restes de plantes.

Explication. L'embouchure de la vallée est exposée au sud ; la contemporanéité des os nous fait voir que les quadrupèdes des champs ont été enlevés avec l'argile, le sable et les fragments détachés des roches, et qu'ils ont été introduits tous ensemble dans un espace vide et suffisamment clos pour les empêcher d'aller plus loin. Les cadavres exposés à une température au-dessus de zéro seraient tombés en putréfaction, comme cela arrive maintenant pour les corps humains enterrés. Telle est la preuve de l'abaissement de température au moment du coup de vent qui a poussé les quadrupèdes dans les cavernes et qui a emporté au loin les oiseaux.

C'est dans cet état de congélation qu'étaient les cadavres et les minerais quand ils ont été atteints par les eaux des torrents cataclystiques à teinte rougeâtre comme l'eau du Nil. Les minerais submergés ont pris la teinte de l'eau du torrent, et ils n'ont plus fait qu'une seule masse avec les os conservés jusqu'à présent.

Généralité des brèches osseuses. Il y a des brèches

osseuses dans les deux hémisphères en dehors de la la zone torride, le plus grand nombre des cavernes et des brèches ayant leur ouverture vers l'équateur sont remplies de minerais contenant différentes quantités d'os. Dans quelques-unes de ces brèches on a trouvé des silex façonnés; dans celles de l'Europe occidentale et du Brésil on a trouvé des restes humains.

C'est ainsi que l'on peut voir que l'air des deux hémisphères a commencé à se séparer des régions tropicales et non de l'équateur. En se dirigeant vers les régions polaires, la masse d'air a baillé les sables, les minerais et les quadrupèdes qui étaient à la surface de la Terre; une partie de ces corps a été introduite dans les cavernes et les a comblées; les seules cavernes qui soient vides sont celles dont l'ouverture était à l'abri du vent, parce qu'elle se trouvait dirigée vers le pôle.

§ 202. **Différence entre les brèches selon leur altitude.** Dans quelques brèches se trouvent les ossements, les fragments des roches ambiantes et le sable accumulés et cimentés par un argile rougeâtre; dans d'autres il y a aussi de l'argile, mais elle n'est pas rougeâtre. L'argile rougeâtre est très-répandue, on la nomme *grès rouge* postérieur, pour la distinguer du vieux grès rouge qui est également très-répandu dans les dépôts par lesquels les bassins sont comblés. Dans l'un et dans l'autre de ces grès, la couleur est produite par une petite quantité d'oxyde de fer. Les brèches à grès rouge sont à de faibles altitudes, tandis que les brèches dont l'altitude est supérieure à 200 mètres n'ont pas cette teinte rougeâtre, sans cependant différer des précédentes.

L'argile qui cimente tous les ossements qui se trouvent dans les vallées peu élevéés telles que celles de Pikermi, de l'Attique ou de la grotte d'Arcy-sur-Eure (Yonne), est rougeâtre; on ne trouve pas cette teinte aux altitudes supérieures à 200 mètres. Cette particularité nous fait voir que les brèches osseuses et les ossements ensevelis dans les versants nord de grandes altitudes ont été produits au même moment par le vent. Ils étaient en cet état quand les torrents cataclystiques ont amené l'eau rougeâtre, laquelle a laissé sa teinte à la superficie des corps atteints.

Le niveau de ce grès rouge ne dépasse donc pas les limites atteintes par l'eau des torrents cataclystiques, tandis que le vieux grès rouge se trouve dans les dépôts des bassins de toutes les altitudes.

Le niveau du torrent indiqué par l'argile rougeâtre dans les brèches osseuses ne diffère pas de celui indiqué par les stries et les sillons produits sur les roches par les glaçons flottant sur les torrents. 1° Le vent a parcouru toute la surface du globe au nord et au sud de la zone torride jusqu'aux côtes des deux mers glaciales. 2° Les torrents cataclystiques n'ont inondé que les parties des continents inférieures à l'altitude de 200 mètres. 3° Les stries et les sillons supérieurs à cette altitude ont été produits par les glaçons accumulés jusqu'à l'altitude de 1800 mètres.

III. MODE DE TRANSPORT DES CORPS PAR LE VENT D'UN VERSANT DES MONTAGNES DANS L'AUTRE.

§ 203. Les masses d'air dirigées vers les régions polaires ont enlevé le sable, l'argile, les fragments de roche et les gros quadrupèdes, et les ont transportés au delà des cimes des montagnes, d'où ils se sont précipités sur le versant exposé au pôle. La majorité de cette série de faits est restée inaperçue des géologues; quant à moi je l'ai trouvé à l'aide de la loi de l'Aérostatique. Les faits de ce genre sont trop saillants pour rester inaperçus; j'en rapporterai deux ici.

Transport du versant sud dans le versant nord de l'Himalaya. Au nord des cimes de l'Himalaya, entre 4200 et 4800 mètres d'altitude vers la ligne du partage supérieur des eaux du Gange et du Setledge, Stachey a trouvé d'immenses accumulations de sable, de gravier, d'argile et des fragments de roches mêlés à une multitude d'ossements de grands mammifères : *chevaux, bœufs, cerfs, rhinocéros, éléphants, etc.*

De même, les grandes vallées de l'Asie occidentale, de l'Euphrate et du Tigre jusqu'aux rivages du golfe Persique comme celles que parcourent plus à l'est l'Indus, le Setledge et le Bramapoutra, depuis leurs sources, des montagnes sont remplies de pareils objets.

Transport du versant sud dans le versant nord des Alpes. Ce sont des accumulations, des monticules de fragments de roches entassés et disposés transversalement ou latéralement vers le bas des vallées du versant nord des Alpes. Ces fragments y ont été déposés sur des cailloux roulés qui en occupent le fond, et ils sont surmontés d'une alluvion sableuse et argileuse.

Remarques. Les accumulations dans les deux cas ont été formées de fragments enlevés aux roches du versant sud brisées par le vent. Ces fragments ont été déposés sur le premier lit des vallées qui sont sur le versant nord. Il n'y a de différence que dans l'altitude, car celle de l'Himalaya de 4800 mètres n'a pas été atteinte par les glaçons comme l'a été le versant de la vallée de la Suisse.

Les stries et les sillons sont très-fréquents dans le versant des Alpes où les monticules de fragments sont couverts d'une alluvion descendue avec les glaçons pendant leur fusion, tandis qu'on ne trouve aucune trace de glaçons (les stries et les sillons) dans les vallées de l'Euphrate, du Tigre, du Gange et de l'Indus ; c'est pourquoi les amas de fragments n'ont pas d'alluvion.

Guidés par la forme et la surface anguleuse des fragments détachés des roches, les géologues leur ont donné le même nom ; ils les ont appelés *blocs erratiques*. Le pays natal des blocs posés comme avec la main sur le versant du Jura, est dans les roches du versant nord des Alpes. Le pays natal des blocs composant les monticules dans le bas des vallées, n'a été trouvé ni dans le versant du Jura ni dans le versant nord des Alpes. Personne n'a songé à aller chercher dans le versant sud des Alpes le pays natal des fragments qui se trouvent dans leur versant nord.

Je donnerai plus bas le mode de translation des fragments des roches alpines sur le versant du Jura, et je conserverai à ces fragments le nom de *blocs erratiques*. Ici j'ai nommé *blocs erratiques anémiens*, les fragments détachés des roches par le vent, et transportés 1° dans les grottes, ou 2° des versants exposés à l'équateur dans les versants exposés au pôle. Il ne faut cependant pas pour cela chercher dans le versant nord du Jura des fragments enlevés aux roches de son versant sud, car il s'est trouvé abrité contre le vent par les Alpes, parce qu'ils en ont une altitude supérieure.

Dans le versant nord des Pyrénées, il n'y a ni stries ni sillons; on n'y trouve pas non plus de blocs erratiques. Il s'y trouverait des accumulations de blocs erratiques anémiens si le bas des vallées de ce versant n'était parcouru par le torrent cataclystique qui est passé du bassin de la Méditerranée dans celui de l'Atlantique. A l'avenir, les géologues ne manqueront pas d'y découvrir les traces des deux actions produites, l'une par un vent violent, l'autre par un torrent cataclystique.

La géologie deviendra une science basée sur les lois de l'Aérostatique, de l'Hydrostatique, de l'Hydraulique, de la Thermostatique et de la Mécanique. Les géologues y appliqueront ces lois comme les astronomes appliquent la loi de la Mécanique aux calculs des mouvements des corps du système planétaire.

IV. MODE D'ACCUMULATION DES GROS ANIMAUX DANS LES RÉGIONS POLAIRES.

§ 204. Il a été jusqu'à présent très-problématique si les fragments de roches et d'animaux étaient transportés par la poussée d'une masse d'air. Les géologues voulant expliquer l'origine de faits qui se passent à la surface de la Terre, ont porté leurs regards vers le fond de la mer, et n'ont pas levé la tête pour regarder en haut. De même que les minerais présentent les traces de leur contact avec l'eau, de même les débris des fragments de roches et des restes de quadrupèdes présentent l'action d'un mouvement d'air d'une violence extrême.

Pour qu'une telle action de courte durée s'opère au moyen du passage d'une masse d'air, il faut que cette masse soit transportée d'un espace dans un autre. La translation des corps à la surface de la Terre nous fait voir que l'air se dirigeait de la région équatoriale dans les deux hémisphères vers les régions polaires.

On voit par les amas des restes des quadrupèdes de grandeur supérieure qui se trouvent dans les îles et les côtes autour de l'embouchure de la Lena, que la masse d'air qui les y a accumulés les a laissé au point de la surface de la Terre où sa séparation s'est opérée.

Les effets mécaniques exercés sur les corps prouvent que le phénomène s'est opéré avec une vitesse suffisante pour faire parcourir dans l'espace à la masse d'air séparée de la Terre une grande distance Δ avant d'être arrêtée par la pesanteur, laquelle, à cette distance Δ, est plus forte vers le Soleil que vers la Terre, et par suite cette masse a dû rester à circuler autour du Soleil (1).

(1) L'auteur de la *Mécanique céleste* a démontré que si la masse des planètes a été séparée de celle du Soleil par un choc qu'y a exercé une comète, comme l'ad-

Les descriptions qu'ont données de la Sibérie les voyageurs qui y sont allés les premiers ont été vérifiées et amplifiées par ceux qui les ont suivies ; je ne rapporterai qu'un petit nombre de ces descriptions, et seulement afin que personne ne puisse douter qu'une masse d'air s'est séparée précisément de la région où se trouvent les ossements accumulés.

Iles des ossements. Billing a découvert dans la mer Glaciale des îles, entre l'embouchure de la Lena et celle de l'Indighirska, îles composées de sable, de glace et d'une multitude prodigieuse d'ossements, de dents, de défenses, etc., entassés pêle-mêle.

J. G. Gmelin, qui fut attaché en 1733 à l'expédition de Behring, a fait connaître les gisements de ces grands mammifères, le long des rives et à l'embouchure de la Lena et de ses affluents. Pour expliquer ce fait, il a dit que beaucoup de ces animaux, pour se soustraire au danger, avaient dû fuir sur le nord, où ils étaient morts de faim et de froid et que d'autres avaient été noyés par des inondations qui les avaient transportés là où on les trouve aujourd'hui. Les géologues actuels avouent qu'ils se sentent incapables de donner aucune explication satisfaisante ou probable de ces faits ; car si les animaux étaient dispersés sur la zone tempérée dont la largeur est de 43 degrés, ce qui fait plus de mille lieues, il leur aurait fallu plusieurs années pour parcourir cette distance ; aussi les animaux auraient succombé avant d'arriver à cet immense sépulcre.

Les voyageurs actuels trouvent des ossements sur les côtes du golfe de Kotzebue ; en été, pendant les heures du

---

mettait Buffon, les orbites des planètes ont dû passer par la surface du Soleil. On sait que tous les orbites des comètes passent entre le Soleil et les orbites des planètes intérieures ; j'ai trouvé dans ce fait la preuve mathématique que les comètes ont leur origine dans les planètes. Chaque astronome peut user du même calcul que Laplace pour réfuter l'hypothèse de Buffon et trouver dans les planètes l'origine des comètes.

jour où il fait chaud, il s'y répand une odeur comparable à celle d'un cimetière.

Ossements en Sibérie. Pallas s'est occupé pendant plusieurs années d'observations géologiques en Sibérie; les restes d'éléphants et de rhinocéros, ont surtout été l'objet de ses préoccupations. Il en a trouvé dans la plupart des vallées du versant oriental de l'Oural, et n'en a pas découvert dans le versant occidental de ce même pays. Ainsi depuis l'Oural à l'ouest, l'Altaï au sud et jusqu'aux plages de la mer Glaciale, toute la Sibérie est en quelque sorte jonchée de ces débris.

Sous le méridien Iakoutsk, par 64 degrés de latitude nord, on découvrit en 1771, sur le bord du Viloui, l'un des affluents de la Lena, un cadavre entier de rhinocéros avec sa chair, sa peau et ses poils. Il était enveloppé d'une espèce de sable mélangé de graviers.

Remarques. Ces monuments géologiques sont devenus une branche d'industrie et un article de commerce. Les habitants des côtes de la mer Glaciale exploitent ces mines d'os comme on exploite ailleurs la houille. Il y a un peu plus d'un siècle, les Américains et les Européens étaient les seuls qui utilisassent ces os; maintenant on en fait commerce jusqu'en Chine. On peut sans exagération admettre que l'on extrait mille squelettes par an; on en a déjà enlevé cent mille et il en reste encore des millions.

La qualité identique des os a fait connaître à Gmelin et à tous les géologues la contemporanéité de l'accumulation des os autour de l'embouchure de la Lena; chacun sait que les animaux se sont trouvés répandus à la surface de la zone tempérée qui pouvait fournir un pâturage suffisant non-seulement à ces gros quadrupèdes mais aussi à ceux de dimensions inférieures.

§ 205. **Vent du sud présentant la séparation de la colonne d'air.** Une fois démontrée la généralité des effets d'un vent violent, effets qui se sont conservés au nord de la vallée du Gange et des autres fleuves de l'Asie et dans le versant nord des Alpes, de même que la généralité des effets d'un vent que l'on voit dans les brèches osseuses et sur les arbres des forêts fossiles coupés ou déracinés, une fois, dis-je, cette généralité démontrée, on voit aisément que le même vent d'une violence extrême a baissé tous les gros quadrupèdes de la surface de l'Asie et de l'Europe, et qu'il les a rassemblés autour de l'embouchure de Lena où il les a abandonnés, parce que c'est dans cette région que s'est opérée la séparation de la colonne d'air. Cette séparation a eu pour cause la poussée répulsive **r** exercée par l'expansion des éléments électriques de l'air en directions divergentes, 1° contre la masse M de la Terre de l'hémisphère nord, pour faire diminuer la vitesse de la rotation, et 2° contre la masse μ de la colonne d'air pour lui faire parcourir une distance Δ égale au grand axe $2a$ de l'orbite sur lequel elle a continué à circuler autour du soleil en forme de comète.

V. RETARD DE LA ROTATION PRIMITIVE DE LA TERRE.

§ **206.** La rotation de chaque planète a été produite par l'expulsion des jets d'une masse empyrée qui a formé les satellites. La durée primitive d'une révolution des planètes autour de leur axe, sans être la même, ne différait pas beaucoup. Dans le principe, la révolution des quatre planètes intérieures, avait la même durée que la révolution actuelle des quatre planètes extérieures. Mais chaque révolution des planètes intérieures, en produisant des centaines de couples de comètes a perdu environ les deux tiers de sa vitesse primitive; au lieu de terminer leur révolution en 8 à 10 heures, les planètes intérieures la terminent en 24 heures. Pendant ce temps, la Terre a fait trois tours en parcourant trois fois les 360 degrés. Aujourd'hui la Terre ne fait qu'une seule révolution en 24 heures : elle a perdu une quantité de mouvements indiquée par $720 \times 2M$, en indiquant par M la masse d'un hémisphère et par 720 les degrés la vitesse perdue.

D'après le nombre des comètes du périhélie, entre l'écliptique et l'orbite de Vénus, et d'après le nombre des comètes découvertes on a reconnu que la Terre a parcouru des centaines de périodes; par suite dans chacune de ces périodes sa rotation a éprouvé un retard de 7 degrés environ.

La quantité de mouvement perdu pendant la séparation de chaque colonne d'air est donc δM, en indiquant par δ l'arc de 7 degrés. La quantité de mouvement communiqué à la masse μ de la colonne d'air pour parcourir la distance Δ est $\mu \Delta$. Ces deux quantités égales donnent :

$$\mu\Delta = \delta M \quad \text{et} \quad \Delta : \delta = M : \mu.$$

La masse M de l'hémisphère de la terre est connue.

La masse μ de la colonne d'air est égale à la masse de glace et d'eau transformée en air dans une moitié de la zone torride en une couche dont l'épaisseur est égale à la hauteur de l'atmosphère qui est de 12 lieues; la largeur de la moitié de la zone torride est de 100 lieues environ et sa longueur de 360×250 lieues. Ainsi, dans une colonne d'air, se trouve contenue la masse dont la valeur est $360 \times 25 \times 100 \times 12$ de cubes de lieues d'eau.

La distance δ est de 7×25 lieues.

La distance Δ ou le grand axe $2a$ de l'orbite de la comète est déterminée par la durée de sa révolution autour du Soleil en faisant le calcul sur les comètes les plus éloignées du Soleil.

Pression barométrique de la colonne d'air. Dans la longueur ou la hauteur H de la colonne d'air, se trouvait contenue la masse des éléments de la quantité d'eau d'un anneau cylindrique de 12 lieues d'épaisseur et de 100 lieues de hauteur. Cette hauteur restant la même, la base a augmenté ; elle est devenue quatre cent fois plus grande. Au lieu d'être un anneau de 12 lieues d'épaisseur, cette base est devenue égale à la surface S de l'hémisphère dont le rayon est de 1600 lieues. On trouve ainsi une pression barométrique **p**, une centaine de fois plus grande que la pression actuelle dans les régions polaires.

Abaissement de température. Dans l'endroit où l'on a trouvé le rhinocéros entier, le sol ne dégèle en été que jusqu'à une faible profondeur, qui est inférieure à celle à laquelle a été enseveli le cadavre. En admettant 2 mètres pour son épaisseur et au moins 1 mètre pour l'épaisseur de la couche de sable qui le couvrait, la surface du sol sur lequel s'est arrêté le cadavre a été de 3 mètres au-dessous de la surface du sol produit par l'accumulation du sable porté par le vent.

Avant la mort de l'animal et avant qu'il fût enseveli, le sol n'était pas gelé ; si immédiatement après la température n'eût pas baissé, le cadavre serait tombé en putréfaction. On peut voir là une preuve, non-seulement d'un abaissement immédiat de température, mais aussi d'une continuité de la température actuelle depuis cette époque.

La généralité de l'établissement de l'ordre actuel, accompagné du changement des climats, des flores et des faunes, a été reconnue déjà par des géologues. Je me borne à coordonner les faits découverts pour en faire résulter séparément des séries indiquant les espèces d'actions et de forces qui ont précédé la production de ces faits.

Résumé. L'ordre actuel des faits géologiques et des faits climatologiques correspond à l'état de l'atmosphère, de même que l'ordre des faits géologiques et des faits climatologiques de la période précédente correspond à l'état de l'air sous la forme de deux colonnes.

La fin de cette période a eu pour cause la séparation de ces deux colonnes d'air. L'établissement de l'ordre actuel a eu pour cause la distribution de la couche d'air qui ne s'est pas éloignée, mais est restée autour de la zone torride.

Il y a donc eu un court intervalle entre la fin de l'ordre de la période précédente et le commencement de l'ordre de la période actuelle. Les séries de faits produits pendant cet intervalle se manifestent : 1° dans un ordre correspondant à la séparation des deux colonnes d'air avec toutes les séries d'effets qui en sont résultées à la surface de la Terre et dans l'intérieur de ces fournaises, et 2° dans un ordre correspondant à l'établissement de l'équilibre dans l'atmosphère et du niveau dans la mer. Cet équilibre s'est opéré par les déplacements des masses d'air et des masses d'eau.

Pour arriver à ce résultat il a fallu connaître : 1° la formation de l'air par les éléments matériels de l'eau, et par les éléments électriques de la chaleur, et 2° la tendance innée des éléments électriques à augmenter indéfiniment de volume, comme on le voit pour l'air qui peut être indéfiniment raréfié.

Il a donc fallu posséder des connaissances en Physique, en Chimie, en Géologie et en Astronomie. Pour parvenir à la découverte de la cause physique du Déluge ; pour pouvoir se convaincre de la portée de cette découverte, il faut que le lecteur possède des connaissances dans toutes ces sciences. Le chimiste en employant les courants électriques de $\overset{+}{E}$ et $\bar{E}$ pour décomposer l'eau, en tire l'hydrogène $H\bar{E}$ et l'oxygène $O\overset{+}{E}$. Dans la mer, la chaleur lumineuse produit des courants thermoélectriques de $\overset{+}{E}$ et $\bar{E}^2$ lesquels décomposent l'eau en oxygène $O\overset{+}{E}$ et en azote $Az^2\bar{E}^2$.

Pour expliquer ces actions, le chimiste commet une double erreur en disant : 1° que les courants électriques sont identiques aux courants thermoélectriques ; 2° que la décomposition de l'eau en air et la combinaison des éléments de l'air pour produire de l'eau sont impossibles.

CHAPITRE II.

COINCIDENCE DES ÉRUPTIONS VOLCANIQUES AVEC LA SÉPARATION DES COLONNES D'AIR ET AVEC L'INTERRUPTION DES PLUIES DILUVIENNES.

§ 207. La présence des deux colonnes d'air, 1° s'est manifestée dans les latitudes supérieures par une pression barométrique **p** qui est des centaines de fois plus grande que celle de l'atmosphère actuelle; 2° par des pluies cent fois plus abondantes que les pluies actuelles.

Il n'y avait pas de déjections volcaniques dans les latitudes supérieures pendant la présence des deux colonnes d'air; ce qui le prouve, c'est l'absence de poli à leur surface et l'absence de vallées dans leurs versants.

I. D'après l'état de leur surface, on distingue les montagnes, 1° en montagnes ayant leur surface polie et des vallées dans leurs versants, 2° en montagnes ayant leur surface brute et n'ayant pas de vallées dans leurs versants.

II. D'après l'état de leurs éléments, 1° les montagnes brutes sont composées des déjections volcaniques, 2° les montagnes polies sont composées de minerais aérolithiques, tandis que les versants des vallées des plaines également polis sont composés de dépôts dont les bassins ont été comblés; il ne faut pas considérer les versants des vallées comme des versants des montagnes.

III. D'après leur âge, les montagnes à surface brute et composées de déjections volcaniques sont postérieures aux montagnes polies. Les expulsions des matières volcaniques ont commencé toutes à la même époque *e*; il y en a encore quelques-unes en activité, mais la plus grande partie est éteinte.

Rapport entre la séparation des colonnes d'air et les éruptions volcaniques. Les fournaises volcaniques contenaient des gaz brûlants qui exerçaient une poussée répulsive **r** contre la paroi de solidité *s*; cette paroi recevait la poussée centripète **p** de pression barométrique de la colonne d'air. Ainsi la résistance était composée de la somme $s + \mathbf{p}$ qui était supérieure à la poussée répulsive **r** et s'opposait à la rupture de la paroi des fournaises. Au moment de la séparation des colonnes d'air, la pression barométrique **p** disparut, la solidité *s* de la paroi des fournaises fut vaincue et les expulsions des déjections volcaniques commencèrent à la fois dans toutes les fournaises. Quelques-unes de ces expulsions apparaissent encore à des intervalles plus ou moins longs.

Il est donc nécessaire d'exposer d'abord l'origine des fournaises et le mode de formation des déjections des terrains trachytiques avec des terrains ignés; parfois il n'y a eu que de terrains ignés, maintenant il ne se produit que des déjections trachytiques.

I. ORIGINE DES VOLCANS DE L'ÉPOQUE DU DÉLUGE.

§ 208. Avant l'apparition des pluies, la surface de la Terre était composée de plusieurs surfaces de l'ensemble d'un grand nombre de pyramides. En prenant pour niveau la surface des champs, toutes les parties des pyramides situées au-dessus de ce niveau étaient des *montagnes*, et toutes les parties inférieures des mêmes pyramides étaient les parois des bassins.

Les eaux des premières pluies ont été recueillies dans les bassins, lesquels sont devenus des lacs contenant des îles, séparés entre eux par des isthmes, et plusieurs bassins de faible altitude ont été contenus dans les grands. Pour que la surface actuelle de la Terre fût formée, les eaux des torrents ont brisé les roches des isthmes et en ont transporté les fragments au fond du bassin inférieur. Les restes des plantes continentales ont été enlevés par les torrents et conduits autour de l'embouchure inférieure du bassin voisin.

Ces restes de plantes, en s'accumulant sur les précédents, les ont fait avancer vers le fond des bassins de plusieurs kilomètres de profondeur. Cette marche s'effectuant pendant un grand nombre de siècles, a fini par s'étendre au point d'occuper des centaines de lieues dans les grands bassins composés d'autres bassins inférieurs. Les restes des plantes ainsi accumulés se sont changés en houilles, dont les plus anciennes sont formées par les restes des plantes qui ont été amenés d'abord dans les lacs; les houilles moins anciennes ont été formées par les restes de plantes qui ont été amenés dans les lacs après les premiers.

De même donc qu'il y a des chaînes de montagnes composées de déjections volcaniques, de même il y a au fond des bassins des chaînes de montagnes de houille dont l'existence était bien connue. On donne à cette houille le nom d'*ancienne* pour la distinguer de la houille qui est à une moins grande profondeur. Ce qu'on ignorait, c'est que les montagnes composées de déjections volcaniques sont en rapport direct avec les montagnes souterraines de houille ancienne; car c'est cette houille qui se consume pour le chauffage des fournaises, et les déjections volcaniques sont expulsées par les gaz brûlants après avoir subi différentes élévations de température.

I. J'ai déjà exposé le mode de production des terrains ignés dans les fournaises de la couche de houille de la dernière période antédiluvienne; ces terrains soulevés forment le noyau des montagnes centrales des continents tels que l'Himalaya, les Andes, les Pyrénées, les Alpes.

II. Dans la couche de houille de la période diluvienne qui est au-dessous du géostrome, se trouvent les fournaises par lesquelles ont été soulevés les terrains ignés formant le noyau des montagnes les moins élevées des continents.

III. La houille ancienne contenue dans les bassins recèle des fournaises qui se distinguent des précédentes en ce que leur paroi n'est pas partout composée d'un diaphragme cristallin; on trouve un diaphragme de ce genre du côté du dépôt par lequel les bassins sont comblés, et du côté inférieur c'est une partie de la surface du bassin qui fait en même temps partie de la paroi de la fournaise.

Des terrains ignés ont été expulsés de la partie de la paroi composée de diaphragme cristallin, comme cela a eu lieu pour le diaphragme des fournaises par lesquelles ont été soulevés les terrains ignés considérés comme le squelette de la Terre.

Les minerais aérolithiques sont expulsés de la partie de la paroi des fournaises qui fait en même temps partie du bassin, et cela après avoir éprouvé toutes les élévations de température. C'est par de telles déjections qu'ont été formées les montagnes à surface brute et sans aucune vallée à leur surface.

A. Mode de la formation des fournaises dans les bassins.

L'accumulation des restes de plantes autour de l'embouchure inférieure de chaque bassin a commencé à la même époque *e* dans tous les bassins. A une époque postérieure *e'*, ces restes carbonisés ont été réduits à l'état de houille, dont le carbone se trouvant en contact avec l'eau, a commencé à se combiner avec ses éléments pour former l'acide carbonique et le gaz des marais. C'est ainsi qu'a été mise en liberté la chaleur latente, dont 1 gramme d'eau contient 240 calories et non 80 (§ 79).

Cette élévation de température autour de la surface de la

houille est devenue l'origine des courants thermoélectriques. Les deux éléments d'électricité neutre $\overset{+}{E}\bar{E}$ des atomes de chaleur $\overset{+}{E}\bar{E}^2$ restent équilibrés; en pareils états, l'autre élément négatif $\bar{E}$ provoque par son expansion en sens opposé l'expansion de l'élément $\overset{+}{E}$ séparé des atomes $\overset{+}{E}^2\bar{E}$. Les courants thermoélectriques sont dus à de telles expansions des éléments électriques hétéronymes; les effets matériels de ces courants dépendent du milieu dans lequel s'opère leur propagation.

Du côté de la paroi de la fournaise qui fait partie du bassin, le géostrome est composé de minerais aérolithiques trop solides pour laisser leurs éléments se déplacer; ces terrains n'éprouvent d'autre altération que celle qui provient des différents degrés de la température.

§ 209. I. **Mode de formation d'un diaphragme cristallin, origine de terrains ignés.** Du côté du dépôt du bassin, les éléments chimiques des terrains ignés se trouvent dissous; ces éléments des minerais sont entraînés par l'expansion de l'électre positif $\overset{+}{E}$ dirigée vers la surface de la houille, sur laquelle ils viennent se déposer pour y former une couche qui sépare la surface de la houille du dépôt et de l'eau du bassin. On nomme cette couche de séparation *diaphragme;* elle a une structure cristalline et se trouve soudée dans la paroi du bassin. C'est ainsi qu'il se forme une enveloppe de la fournaise composée d'une partie de la surface du géostrome, et le reste se compose du diaphragme.

L'accroissement de l'épaisseur et de la solidité du diaphragme s'est opérée spontanément; cette épaisseur fait diminuer l'éloignement de la chaleur de l'espace entre lui et la houille. C'est à cet espace qu'on a donné le nom de *fournaise.* La température s'y élève jusqu'au point de rendre la poussée répulsive des gaz suffisante pour briser les diaphragmes et renverser les fragments en directions divergentes pour ouvrir des milliers de cratères par lesquels s'échappent les gaz de la fournaise et y pénètre l'eau.

Il y a une espèce de combustion de la houille soutenue par l'eau ; celle-ci, en se décomposant, met en liberté sa chaleur latente, laquelle soutient les courants thermoélectriques qui amènent les minerais dissous dans l'eau vers la houille à travers les cratères, pour qu'il se forme un nouveau diaphragme *d''* d'une épaisseur 2*e* double de celle *e* du diaphragme primitif *d'* et par suite d'une solidité **s** supérieure à celle *s* du diaphragme *d'*.

Le diaphragme primitif *d'* a été composé par des cristaux disposés symétriquement ; le diaphragme suivant *d''* a différé par sa structure de celle du diaphragme précédent.

Le diaphragme *d''*, dont l'épaisseur est 2*e*, a laissé une quantité inférieure de chaleur s'éloigner de la fournaise; par suite, il y a eu une élévation de température supérieure. La poussée répulsive des gaz est parvenue à vaincre la résistance de la solidité 2*s* du diaphragme *d''*, lequel a été brisé, et les fragments repoussés ont donné ouverture, comme précédemment, à des milliers de cratères. Les gaz se sont échappés de la fournaise et l'eau y a pénétré.

C'est ainsi qu'a commencé la formation d'un troisième diaphragme *d'''* dont la structure a été plus compliquée, car il y est entre les cristaux de ce troisième diaphragme et ceux des deux diaphragmes précédents. La solidité **s**, a augmenté parce que l'épaisseur du diaphragme *d'''* était 4*e*.

On trouve d'après cette loi physique la série des faits qui ont dû précéder, et qui ont eu pour résultat l'accroissement de l'épaisseur et de la solidité du diaphragme de chaque fournaise. Quand le diaphragme a acquis une épaisseur de plusieurs centaines de mètres, la température de la fournaise s'est élevée jusqu'au point de diminuer la solidité du diaphragme ; ainsi la poussée répulsive a acquis un degré suffisant pour briser le diaphragme ; ses gros fragments ont été repoussés par les gaz, lesquels se sont échappés par les cratères ouverts, et l'eau a pénétré dans la fournaise.

Il s'est écoulé des siècles pendant lesquels les courants thermoélectriques ont produit de nouvelles séries de diaphragmes dans chacun des cratères, lesquels sont parvenus à rendre l'épaisseur du diaphragme tellement grande, que c'est à peine si la chaleur pouvait l'en éloigner. Dans les fournaises, la température a atteint le degré de fusion complète d'une couche intérieure du diaphragme; une couche suivante a été réduite à l'état demi-liquide. Le reste du diaphragme était en partie mouillé et en partie parfaitement solide.

§ 210. II. **Mode de transformation des minerais aérolithiques en trachytes.** La température des fournaises, en s'élevant, a fait augmenter l'épaisseur du diaphragme, et l'accroissement de cette épaisseur a fait élever davantage la température des fournaises. Cette élévation de température s'est communiquée à la partie de la paroi des fournaises qui faisait partie de la paroi du bassin. Les minerais aérolithiques en contact avec les gaz de la fournaise ont eu une température égale, les minerais les plus éloignés sont arrivés à des degrés décroissants de température.

Sans que leurs éléments chimiques aient changé, ces minerais ont éprouvé un changement de structure correspondant aux degrés de température qu'a éprouvé chaque portion. La silice, l'alumine et la magnésie, mêlées entre elles sous tous les rapports, ainsi qu'avec les autres minerais aérolithiques, composent le géostrome. Ces mélanges déjà très-nombreux, chauffés différemment, acquirent des structures différentes. En prenant ces structures pour base des subdivisions de minerais de mêmes éléments chimiques, on trouverait des milliers d'espèces.

Les minerais aérolithiques connus sous le nom de *terrains primitifs*, se distinguent de terrains ignés par l'absence de toute trace de structure cristalline; le silex ne montre même aucune polarisation de la lumière. Cette différence générale suffirait pour faire connaître l'origine différente du géostrome et celle des terrains ignés dont les éléments chimiques sont contenus dans les terrains primitifs.

B. Différence entre les fournaises des géostromes et celles des bassins.

§ 211. Chaque géostrome qui a été produit pendant une période cométogonique avant l'apparition des pluies, était composé de restes de plantes et de minerais contenus dans les aérolithes; c'est de ces mêmes minerais que sont composés, d ns le géostrome de la période diluvienne, les terrains primitifs. Les restes de plantes ou la houille de ce géostrome diluvien, en se combinant avec l'eau, ont mis en liberté sa chaleur latente, laquelle a produit des courants thermoélectriques qui ont tiré de la mer les minerais qui s'y étaient dissous, et ont ainsi formé des diaphragmes pareils, mais supérieurs, à ceux formés dans les bassins voisins de leur houille.

Dans la houille du géostrome de la dernière période antédiluvienne, il s'est trouvé également des fournaises qui ont eu des diaphragmes dont l'épaisseur était de plusieurs lieues. La couche inférieure de ces diaphragmes ayant été fondue, la solidité a diminué et la poussée répulsive des gaz est parvenue à vaincre la résistance et à faire traverser à la masse liquide du diaphragme la couche d'eau et la couche du géostrome. Celui-ci a été déchiré, et ses lambeaux ont été soulevés et sont restés appuyés sur la masse soulevée, laquelle s'est refroidie et solidifiée; cette masse de basalte a formé le noyau de l'Himalaya, des Andes, des montagnes de l'Abyssinie, des Alpes, des Pyrénées, etc.

§ 212. **Mode de formation des continents.** Dans chacun des continents il y a des montagnes très-élevées qui ont leur fournaise dans la houille antédiluvienne. Les sommets de ces montagnes sont des pics composés de basalte jusqu'au niveau du bord des lambeaux du géostrome déchiré. Ces lambeaux ne s'étendent pas toujours en descendant jusqu'au fond de la mer, mais ils se trouvent soulevés par un grand nombre de pyramides de terrains ignés; ces pyramides n'ont pas déchiré le géostrome en lambeaux, mais elles y ont produit des fentes transversales, dans lesquelles se trouvent les lits des filons où sont logés des métaux. Ces métaux ont été formés par les minerais aérolithiques dissous dans l'eau des pluies.

Les lambeaux soulevés exercent une résistance inférieure à la poussée répulsive des gaz des fournaises, et c'est de cette manière que se sont multipliées les pyramides *postérieures diluviennes* dans le voisinage des hautes pyramides du géostrome antédiluvien. Avant l'apparition des pluies, la surface de ces pyramides composait la surface des continents; leurs parties inférieures formaient le fond de la mer. La surface de la mer était couverte par le géostrome formant les champs qui étaient des plaines unies. Dans l'Écriture, les continents déserts sont nommés *terre*, et les plaines arrosées par les bords de la mer équatoriale sont nommées *champs*.

J'ai déjà exposé les détails de la transformation de la surface de la Terre produite par les pluies diluviennes. La Terre était d'abord amorphe et incomplète, mais les pluies, par leurs torrents, y ont fait naître, d'après la loi hydraulique, des vallées qui ont conduit les eaux à la mer.

II. SIMULTANÉITÉ DE LA SÉPARATION DES DEUX COLONNES D'AIR ET DES ÉRUPTIONS VOLCANIQUES.

§ 213. D'après la loi de la Mécanique, la présence des colonnes d'air était un obstacle qui s'opposait à la rupture des parois des fournaises, rupture qui eût permis aux gaz de s'échapper des fournaises dont les enveloppes ont été formées dans les basssins depuis l'apparition des pluies. Les fournaises ont commencé à se former à la même époque et étaient du même âge; c'est pourquoi les gaz avaient une poussée répulsive égale dans tous les bassins, et leur enveloppe avait la même solidité.

L'effet exercé sur les enveloppes des fournaises par la pression barométrique était l'obstacle qui soutenait ces enveloppes dans leur précédent état. La séparation des colonnes d'air a donc fait évanouir la pression barométrique. La poussée répulsive **r** des gaz contre l'enveloppe des fournaises est devenue supérieure à la solidité de chacune des deux parties qui la composaient.

L'enveloppe ayant été brisée, il s'est échappé des gaz, 1° du côté du diaphragme vers les dépôts par lesquels les bassins sont comblés, et 2° du côté du géostrome formant une partie de l'enveloppe composée de minerais aérolithiques. Connaissant l'identité de la composition chimique de cette enveloppe et celle des déjections volcaniques, on voit par le changement de la structure, les différentes températures qu'ont éprouvées les minerais des terrains primitifs. Cette même identité se retrouve dans les déjections des volcans éteints et dans celles des volcans actuels. Il en est de même des terrains ignés qui faisaient partie du diaphragme; car la partie liquide portée par les gaz a été dispersée dans les couches sédimentaires des dépôts des bassins sous mille formes différentes déterminées par les degrés de résistance de chaque partie des dépôts. Cette résistance a disparu, mais son existence antérieure n'en est pas moins prouvée pour cela.

Comme exemples, je relaterai séparément: 1° les faits qui correspondent à la partie de l'enveloppe des fournaises composées du géostrome, et 2° les faits qui correspondent au diaphragme. Ces deux séries de faits s'uniront pour prouver d'une manière incontestable que leur commencement a coïncidé avec la disparition des pluies diluviennes provenant de la grande masse d'air. Ces pluies ont disparu en même temps que les colonnes d'air se sont séparées, et cette séparation a occasionné l'évanouissement de la pression barométrique **p** qui était le seul obstacle agissant sur les enveloppes de toutes les fournaises des latitudes supérieures contre la poussée expansive qu'exerçaient les gaz brûlants à la surface inférieure de ces enveloppes.

A. MONTAGNES COMPOSÉES DES DÉJECTIONS VOLCANIQUES.

§ 214. La structure des déjections actuelles des volcans actifs ne diffère en rien de celle des volcans éteints. Tous les volcans actifs sont isolés, tandis que parmi les volcans éteints, il y en a bien quelques-uns qui sont isolés, mais d'autres, en très-grand nombre et formant une ligne, composent une chaîne, dont la longueur en quelques endroits est d'une dizaine de lieues, et dans d'autres plus courte ou plus longue. Dans ce dernier cas, il y a des puys jetés comme au hasard à des intervalles inégaux et ayant diverses dimensions.

Avant de connaître le mode de chauffage des fournaises volcaniques par la houille ancienne et le mode d'accumulation de cette houille au fond des bassins, les géologues étaient impuissants à expliquer ces faits mystérieux. Ici, au contraire, ils sont coordonnés spontanément de manière à mettre dans une plus complète évidence tout ce qui a été exposé précédemment. Il se rencontrera peut-être quelque lecteur qui croira d'abord qu'à l'exemple des autres, j'invente des hypothèses pour donner aux faits un arrangement logique; mais quand ce même lecteur verra comment, dans chaque arrangement la succession de la série des faits avance selon la loi physique, il sera convaincu de la réalité du mode de production de ces faits exposés en conformité de cette loi.

§ 215. **Concordance entre les amas des déjections et les amas de houille.** Jusqu'à présent, on ne connaissait que l'existence de la houille ancienne à de grandes profondeurs ; j'ai démontré le mode d'accumulation des restes de plantes amenés du continent dans les embouchures inférieures des lacs et accumulés pour former des montagnes qui s'étendent jusqu'au fond du bassin. Ensuite j'ai exposé l'origine de la chaleur des fournaises et le mode de formation du diaphragme autour de la houille. La formation des fournaises a été déterminée par les amas de houille, et les déjections volcaniques ont été déterminées par les fournaises. C'est d'après cette loi physique qu'a été établie la concordance entre les amas de houille consumée pour chauffer les fournaises, et les amas de déjections produites par les terrains qui ont éprouvé différents degrés de température.

Soit M la masse de restes de plantes introduite dans deux bassins b, b' dont l'un b a un fond plan et de 50 lieues de long et l'autre b' a un fond conique de 5 lieues de diamètre. La houille de deux bassins se combine avec les éléments de l'eau, elle se consomme dans le bassin b dix fois plus rapidement que dans l'autre ; la superficie S de l'enveloppe des fournaises f du bassin b est dix fois plus grande que celle s de l'enveloppe des fournaises f'. Ainsi il n'y avait pas de différence entre la poussée répulsive **r** des gaz dans les fournaises f, f' ; par suite, au moment de la séparation des colonnes d'air, les éruptions volcaniques ont été simultanées.

§ 216. **Origine des volcans éteints et des volcans actifs.** Les chaînes de montagnes des déjections volcaniques ont eu des cratères séparés par des intervalles inférieurs à une lieue, tandis que les montagnes coniques isolées ont une base de plusieurs lieues. La masse de houille M étant employée pour chauffer cinquante fournaises dans le bassin b a été consumée et les fournaises ont été éteintes ; la même quantité de houille étant employée pour chauffer une seule fournaise, ne peut se consumer qu'en un espace de temps cinquante fois plus long. Par exemple :

Dans la partie nord du département du Puy-de-Dôme,

se trouve une chaîne de montagnes formée de déjections volcaniques à une de ses extrémités, et en suivant sa direction du méridien elle s'étend jusqu'à 40 lieues. Elle se compose d'une centaine de montagnes dont les cratères ont été conservés. Cet arrangement des cratères en série continue correspond à la série des fournaises dont les déjections ont été expulsées. A son tour, la série des fournaises correspond à celle des restes des plantes amenés à l'embouchure inférieure du bassin, et de là accumulés pour avancer de 40 lieues à la surface du fond.

Si cette surface était parfaitement régulière, l'accumulation des restes des plantes serait symétrique. Dans les endroits où il y avait de plus grands amas de houille, les fournaises se sont maintenues plus longtemps et les déjections s'y sont multipliées pour apparaître comme des puys. Le Puy-de-Dôme est supérieur aux autres puys parce que l'amas des restes de plantes y a été plus grand ; par suite la fournaise a pu y être chauffée quelque temps encore après que les autres avaient été éteintes ; ainsi il y a eu une plus grande masse de déjections.

Si la fournaise des déjections du Puy-de-Dôme avait encore la même quantité de combustible que celle du Vésuve et de l'Etna, le volcan ne serait pas éteint ; au contraire, le Vésuve et l'Etna seraient éteints si la quantité de leur combustible était égale à celle des volcans éteints.

Age des volcans. Ayant commencé à la même époque, tous les volcans ont le même âge ; ils ne diffèrent que par leur durée. Les volcans qui ont été en activité pendant un moins long espace de temps et qui ont produit des déjections moins copieuses, sont les moins âgés ; ceux qui sont encore en activité et qui dureront tant qu'il y aura de la houille pour chauffer leur fournaise, sont les plus âgés.

§ 217. **Simultanéité de la séparation des colonnes d'air et des éruptions volcaniques.** J'ai montré (§ 156) comment les géologues ont reconnu à la surface brute des montagnes volcaniques qu'elles étaient postérieures aux montagnes dont la surface est polie. La différence a eu pour cause l'action de l'eau, action qui a été interceptée à l'époque où ont commencé les éruptions volcaniques. Une fois démontré que la surface des continents et celle des versants des vallées ont été produites par les torrents des eaux de pluie, on voit aisément que ces pluies avaient cessé depuis la formation des montagnes volcaniques.

Ce qui a échappé aux géologues, c'est qu'il n'y a pas de chaînes de montagnes à surface polie qui soient composées de déjections volcaniques; cependant il ne faut pas considérer les versants des vallées comme des versants de montagnes. Néanmoins l'existence des montagnes ayant une surface polie et un noyau de terrains ignés nous fait voir qu'il y avait des fournaises volcaniques avant les pluies. Telle est la preuve de la distinction de trois classes de fournaises d'après les trois dépôts de houille, 1° de l'époque antédiluvienne; 2° de l'époque diluvienne avant l'apparition des pluies; 3° de la houille formée dans les bassins pendant la durée des pluies et nommée *ancienne* par rapport à la houille exploitée dont la profondeur est inférieure.

Les fournaises de cette houille ancienne, en produisant des déjections volcaniques, n'ont pas manqué de produire en même temps des déjections de terrains ignés, pareils à ceux des noyaux des montagnes polies, mais différemment distribués dans les dépôts des bassins, de sorte qu'il est facile de les distinguer des précédents.

B. Déjections de basalte dans les dépôts des bassins.

§ 218. Au moment de la séparation des deux colonnes d'air, la couche intérieure du diaphragme était à l'état liquide dans toutes les fournaises; cette masse a été conduite par les gaz dans les issues par lesquelles ils s'échappaient. Ainsi, avec les déjections trachytiques, quelques masses liquides de basalte ont été expulsées par le même cratère. Ailleurs les gaz ont pu produire des ruptures dans les couches des dépôts ; ils ont pénétré dans les fissures, ont repoussé les terrains en dehors, et y ont injecté la masse liquide, laquelle a été solidifiée après son refroidissement et reste conservée sous cette forme.

Quelques-unes de ces injections ont été simples, d'autres se sont déplacées et brisées pendant l'éloignement des parties de terrains qui étaient restées. La place des terrains enlevés a été occupée par le basalte injecté. Les formes simples ou compliquées du basalte qui ont été conservées servent à faire connaître l'état des couches de terrains dont les parties ont été éloignées par la poussée des gaz, et la place vide a été injectée par la masse liquide chassée par les gaz. Dans certains cas les colonnes basaltiques présentent une régularité frappante, mais non mathématique. On avait déclaré ce fait inexplicable, comme si le reste était connu.

Chaussée basaltique du Volant (Ardèche). On voit des centaines de colonnes prismatiques de basalte parallèles, souvent équidistantes, sur les versants de la vallée de la petite rivière du Volant. Il existe des colonnes semblables dans plusieurs autres endroits ; en Irlande, elles sont très-fréquentes et de dimensions supérieures. Il y en a qui sont couchées horizontalement.

§ 219. **Origine de la régularité des colonnes basaltiques.** Je profite de ce cas singulier pour expliquer d'une manière plus évidente l'origine volcanique des schistes. J'ai établi que parmi les dépôts stratifiés d'abord, il ne s'en est trouvé aucun à l'état schisteux et que cette propriété n'est que l'effet des courants thermoélectriques. Je démontre ici que les gaz des fournaises, après avoir produit des fentes dans les terrains, en ont déplacé quelques parties qui ont été remplacées par le basalte. Ces parties déplacées, au lieu d'être fortuites comme à l'ordinaire, ont été très-souvent symétriques. Cette symétrie est donc un effet physique des courants thermoélectriques comme l'est l'état schisteux.

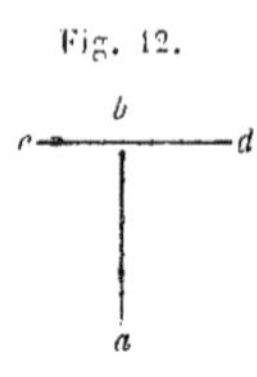

Fig. 12.

Au lieu de s'élever verticalement, les gaz ont dévié horizontalement dans les cas où à une altitude *h* il se présentait un obstacle *cd*; dans ces cas, le basalte prenait d'abord la forme *ab* (fig. 12) d'un filon vertical, puis celle d'un plateau *cd*.

Il y a des cas qui démontrent l'existence des fissures irrégulières dans les couches horizontales des terrains; ces fissures se trouvent injectées de basalte. Ailleurs, les terrains déplacés ont été remplacés par de gros filons de basalte. Très-souvent les gaz ont subdivisé la masse soulevée en un grand nombre de portions inégales, lesquelles ont été injectées dans les fentes produites par les gaz à cause du soulèvement des couches.

§ 220. **Basaltes expulsés par les cratères volcaniques.** Les déjections trachytiques des volcans sont enlevées au géostrome par les gaz et la place vide devient un *puits* ayant pour fond la *fournaise* et pour bouche le *cratère*. Avant de disloquer les fragments détachés des roches pour ouvrir le puits, les gaz ont brisé les roches ambiantes de ce puits, et plusieurs des fragments de ces roches ne pouvant être expulsés par les gaz se sont écroulés dans la fournaise.

Ainsi, une partie de la masse liquide de la fournaise venant dans l'ouverture inférieure du puits a éprouvé de la part des gaz une poussée suffisante pour la faire remonter une hauteur de plusieurs kilomètres et s'écouler par le cratère. Ces masses refroidies sont restées mêlées avec les déjections volcaniques. Avant que l'on connût ce mode de soulèvement des masses solides et des masses liquides au moyen des gaz, on ne pouvait se rendre compte du mode de séparation des morceaux de basalte qu'on rencontre, par exemple, sur toute la périphérie du mont Dore, dans tous les versants de la plupart des montagnes volcaniques et jusqu'à la cime des montagnes les moins élevées. Les basaltes recouvrent les roches feldspathiques et porphyriques sans l'intervention des laves qui les accompagnent; il y a des plateaux de basalte et des grandes nappes vers le pied des montagnes. Le basalte est supérieur par rapport à la masse trachytique dans les montagnes de faible altitude.

Absence de basalte dans les déjections des volcans de grande altitude. Les montagnes volcaniques actuelles et les volcans qui sont éteints ayant une grande altitude, ont eu à une certaine époque *e* une altitude *h* comparable à celle des volcans qui ont été éteints à cette époque *e*. Les masses de basalte qui sont visibles sur les montagnes dont l'altitude est *h* l'étaient également sur les autres montagnes, dont l'altitude est maintenant $h + h'$.

Depuis cette époque *e*, les déjections des volcans ayant ces grandes altitudes $h + h'$ ont été trachytiques, et le basalte a diminué jusqu'au point de disparaître, comme on le voit dans les déjections des volcans actuels. Le mélange des masses de basalte avec les fragments des roches feldspathiques et porphyriques, sans l'intermédiaire des laves, nous fait connaître que le basalte a remplacé les laves immédiatement après ces fragments de roches.

III. TREMBLEMENT DE TERRE D'APRÈS LA LOI DE LA MÉCANIQUE.

§ 221. Le tremblement de Terre est une *action*, et cette action résulte d'une *force*; tel est l'axiome logique applicable à chaque production de faits.

1° La *force* est la chaleur latente de l'eau devenue libre par la combinaison du carbone avec les éléments de l'eau; l'*électre*, qui est le fluide primitif qui compose tous les autres, a éprouvé dans le principe une compression indé- [illegible] par [illegible] tendance [illegible] à augmenter de volume. Cette tendance est donc la force ou la rupture d'équilibre produite sur les gaz renfermés dans les fournaises.

2° L'expansion des atomes de chaleur mêlée avec les atomes des gaz est l'*action*, laquelle devient sensible quand les gaz, pendant leur expansion, parviennent à déplacer les couches des terrains en faisant entendre des bruits sourds, des roulements souterrains qui fréquemment précèdent de quelques minutes le commencement de l'oscillation de la couche des terrains. Cette oscillation est précédée de trépidations plus ou moins violentes pendant quelques secondes, et souvent ces trépidations se succèdent un certain nombre de fois avec une rapidité et une intensité différentes. Quelquefois elles se continuent à divers intervalles pendant des jours, des mois et des années.

Il n'est aucun des faits qui accompagnent les tremblements de Terre qui ne puisse se coordonner, d'après la loi de la Mécanique, avec l'action qui les produit. D'un autre côté, ces faits servent à faire mieux connaître la structure de la partie solide qui sépare les fournaises de la surface des continents ou de celle du fond de la mer. Un plus grand nombre de faits observés dans le même pays fait mieux connaître la structure locale des terrains qui séparent la surface du sol de celle des fournaises catachthones. Pour rendre l'exposition des faits plus simple, je distingue: 1° les tremblements des couches des dépôts des bassins, et 2° ceux des parties du géostrome. Pour fixer les idées, je donne la descriptien d'un certain nombre de faits indiquant la direction, l'étendue ou l'intensité.

Direction des oscillations. I. Les oscillations *verticales* sont des soulèvements rapides et des affaissements successifs du sol; ailleurs ce sont des *tournoiements* divers. Les plateaux ayant la forme *cd* (fig. 12) des basaltes, correspondent à cette espèce d'oscillation; les gaz parviennent à détacher une couche *cd* de dépôts en produisant une trépidation, et dans cet instant ils s'ouvrent une issue horizontale cd pour laisser ces gaz se disperser comme à travers une soupape. Immédiatement après, la poussée répulsive s'affaiblit et laisse ainsi la couche soulevée s'affaisser et se fermer le conduit ab par où s'échappent les gaz. Ces oscillations peuvent avoir une durée très-longue analogue à celle du jeu d'une large soupape de chaudière fortement chauffée. On peut ainsi produire le tremblement d'un plateau bd qui ferme le conduit ab de la vapeur.

Fig. 13.

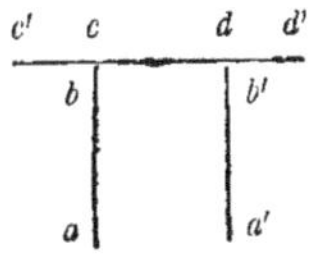

II. Les oscillations horizontales représentent une espèce de soupape à deux battants formés par les conduits ab, $a'b'$ (fig. 13), pressés l'un ab contre cc', pour faire avancer le plan cd vers dd' et empêcher la sortie des gaz ab. Alors les gaz acquièrent en $a'b'$ une intensité suffisante pour repousser les couches cd des dépôts sur le conduit ab, et ils s'échappent par la crevasse $b'd'$ jusqu'au point que leur intensité s'affaiblit et que les masses écartées $d'c'$ peuvent retourner à leur place et occasionner la fermeture de la fente $a'b'$ et l'ouverture de l'autre ab; car depuis ce moment l'intensité de la répulsion des gaz augmente en ab, et elle atteint un degré suffisant pour écarter de nouveau la masse cd. Ce va-et-vient continuel ne cesse que quand l'appareil naturel est détruit; car après un certain nombre de déplacements les couches des dépôts finissent par perdre leur élasticité et par ne plus revenir à leur place. Les gaz produits dans les fournaises s'echappent par des crevasses, et les oscillations de la Terre disparaissent. Ces oscillations correspondent aux injections horizontales de basalte qui forment des plateaux cd (fig. 12).

III. Les oscillations compliquées sont des tournoiements produits simultanément par les deux espèces précédentes de poussées des gaz.

§ 222. **Étendue des tremblements de Terre.** La masse des dépôts qui se trouvent entre la surface du sol et les fournaises peut avoir une étendue supérieure de plusieurs centaines de lieues à celle de la longueur des chaînes des déjections volcaniques, ou bien une étenduetrès-faible, comme celle des bassins des montagnes volcaniques.

I. Le tremblement de Terre de l'île d'Ischia, qui a eu lieu le 2 février 1828, n'a été ressenti ni dans les îles voisines ni sur le continent. Cela prouve que les gaz avaient séparé le support de cette île, et qu'en s'échappant par les fissures ils avaient fait jouer à toute la masse de l'île le rôle d'une soupape. Pour se rendre compte de l'intensité de la poussée répulsive des gaz, il faut évaluer en atmosphères l'épaisseur de la couche ébranlée, et il suffit qu'elle ait de 300 à 400 mètres pour correspondre à une pression barométrique d'une centaine d'atmosphères.

II. Le fameux tremblement de Terre de 1755 s'est répandu dans la couche des dépôts des côtes de la partie boréale de l'Atlantique. Depuis la Laponie, la partie occidentale de l'Europe et de l'Afrique, et depuis le Groënland, les côtes orientales d'Amérique jusqu'à l'île de la Martinique, ont éprouvé en même temps un tremblement de Terre. On voit par là qu'il existait des dépôts de houille et des fournaises formées avant le Déluge alors que le niveau de la mer était dans ces latitudes à des centaines de mètres au-dessous du niveau actuel. Les couches de ces dépôts ont été repoussées par les gaz dans toutes les directions; ces gaz se sont échappés par des milliers de crevasses, puis en même temps ils ont produit des oscillations et des déplacements des couches de toute part et à des distances différentes. C'est ce qui a occasionné la destruction de Lisbonne.

A. Effets mécaniques des tremblements de Terre.

§ 223. Les gaz chauffés dans les fournaises exercent contre leur enveloppe une poussée répulsive **r** qui croît avec la température **t.** La résistance contre cette répulsion est composée de la somme $\mathbf{p} + s$, où $\mathbf{p}$ est la pression des couches des dépôts et s la solidité des enveloppes. Après la rupture de celles-ci, les gaz ne peuvent s'échapper que par des fissures opérées dans les parties moins solides des dépôts. Ces fissures peuvent avoir toutes sortes de directions. Pour que les gaz y pénètrent, il faut donc qu'il s'y ouvre une fente due au détachement des roches et aux déplacements des couches dans toutes les directions. On peut, au moyen des déplacements des masses agitées, qui sont des actions, se rendre compte de la force, de même que l'on se sert des faits connus pour évaluer les actions dont la cause est connue. 1° Il est arrivé quelquefois que des superficies du sol ont été soulevées; 2° d'autres fois des superficies du sol se sont affaissées; 3° d'autres fois encore plusieurs parties du sol ont été soulevées et d'autres se sont affaissées.

I. En 1759, un terrain d'environ 12 kilomètres carrés, dans l'enceinte de Valladolid, au Mexique, s'est soulevé en forme de vessie; par les couches fracturées, on voit encore la limite où le soulèvement s'est arrêté, car en cet endroit le sol est à 12 mètres au-dessus de celui qui est resté en place. L'exhaussement du milieu de ce terrain est de 160 mètres, et il s'y est formé une colline de 148 mètres de hauteur. Pour que cet effet se produise, les gaz ont dû exercer une poussée suffisante pour détacher la couche soulevée de la couche inférieure afin qu'elle leur livrât passage.

Ce détachement s'est opéré avec un horrible fracas souterrain; il a été précédé par des oscillations de la Terre qui ont duré deux mois et qui se sont produites de la manière indiquée. Des millions de petits amas de terre de forme conique, ayant de 2 à 3 mètres de hauteur, ont été soulevés par les gaz qui se sont échappés par les fissures, de même que les colonnes de basalte ont été injectées par ces gaz dans les fissures des couches de terrain.

Au long d'une crevasse, il s'est formé subitement six grandes buttes de 400 à 500 mètres d'altitude ; la plus grande de ces buttes est le volcan Jorullo, qui vomit du basalte qui est soulevé de la fournaise par les gaz qui s'en échappent. Le précédent tremblement de Terre prouve qu'il s'est formé des fissures et des crevasses qui, en s'unissant, ont fait détacher la couche qui a produit le fracas entendu. Le basalte chassé par les gaz a occupé tout l'espace vide avant de paraître dans le cratère.

Une semblable élévation s'est produite sur la côte du Chili le 19 novembre 1822, après un tremblement de Terre très-violent. Sur une étendue de 30 lieues, les côtes se sont élevées de 1 à 2 mètres ; cette élévation n'a eu aucune limite ni dans l'intérieur du pays ni sur les côtes. Les gaz ont produit un soulèvement de 2 mètres au milieu d'une étendue de 30 lieues de la couche des dépôts des côtes qui, avant le Déluge, étaient loin de la mer. Ces gaz se sont échappés par les crevasses produites dans la couche, et une grande masse de basalte entraînée par les gaz est restée injectée dans un intervalle de 1 à 2 mètres de hauteur, intervalle égal à l'élévation de la côte.

II. Un tremblement de Terre dans le Delta de l'Indus a occasionné une élévation et un affaissement du sol en juin 1819. Dans une plaine basse, il s'est formé une protubérance sur une étendue de plus de 16 lieues; sa largeur du nord au sud est de 5 lieues, et sa hauteur dépasse 3 mètres. A 2 lieues du sol élevé, une étendue de terrain plus vaste que le lac de Genève s'est affaissée et a été envahie par la mer. Les quatre tours du petit fort sont restées debout; la garnison s'était retirée au sommet de l'une de ces tours.

A la suite de ces déplacements de terrains, l'Indus est sorti de son lit et a pris une direction qui a coupé la longueur de la couche soulevée. Les flancs de cette couche mis à découvert ont fait voir que la couche soulevée était formée de lits d'une argile remplie de coquillages. Le soulèvement de la couche ne diffère pas de celui des deux précédents. Pour qu'il en résultât un affaissement, il a fallu que les gaz éloignassent la couche du dépôt qui a servi de support à la couche affaissée. Les gaz dirigés de Sindrée vers la protubérance ont transporté les couches de dépôt. Ainsi la communication avec la fournaise a été interceptée, et il n'y a pas eu expulsion de basalte pour qu'il se forme un volcan analogue à Jorullo.

III. Le *monte Nuovo*, sur la côte de Naples, s'est produit les 22 et 28 septembre 1538. Il y eut d'abord un tremblement de Terre qui dura deux jours, les 22 et 23, et qui ne permit aux habitants de reposer ni jour ni nuit. La plaine fut alors soulevée et diverses crevasses s'y manifestèrent; une partie s'éleva davantago et forma un monticule qui s'ouvrit pendant la nuit avec grand bruit et vomit des flammes considérables, ainsi que de la ponce, des pierres et des cendres. L'éruption dura une semaine. Depuis tout est rentré dans le calme jusqu'à présent.

L'absence de basalte et les déjections composées de minerais aérolithiques prouvent que le cratère est la bouche d'un puits ouvert par les gaz dans les roches primitives, lesquelles ont été brisées par ces gaz. Les fragments provenant de cette rupture ont d'abord été rejetés sous forme de vapeur. Cette vapeur des minerais, une fois refroidie, s'est dispersée sous forme de cendre.

J'ai mentionné ici les deux volcans nouveaux *Jorullo* et *monte Nuovo* à titre d'exemples pour mettre en évidence la structure de l'enveloppe des fournaises, partie en diaphragme et partie en minerais aérolithiques, lesquels forment aussi la paroi du bassin sur laquelle se sont accumulés les restes des plantes changés ensuite en houille ancienne.

Le mélange du basalte et des trachytes du mont Dore et de plusieurs autres de faible altitude, nous fait voir qu'il y a toujours un diaphragme faisant partie de l'enveloppe des fonrnaises. L'absence de basalte dans les montagnes de grande altitude indique que les gaz éprouvent, dans les fragments de roches précipités dans le puits et dans les couches des dépôts qui s'y sont affaissés, une résistance inférieure à celle que le diaphragme exerce sur eux.

IV. Les volcans sous-marins ont leur fournaise dans la houille déposée au fond des bassins lorsque, avant le Déluge, ils faisaient partie du continent voisin. Le niveau de la mer avant le Déluge était aux pôles de 500 mètres au-dessous du niveau actuel, et dans l'équateur de 500 mètres au-dessus. 1° Dans la moitié nord de la Méditerranée, le niveau était inférieur d'une centaine de mètres au niveau actuel, et 2° dans sa moitié sud, le niveau était supérieur d'une centaine de mètres au niveau actuel. Le sol d'Égypte était sous la mer, et Thèbes était une ville maritime.

Les déjections des volcans sous-marins ne deviennent visibles qu'après avoir traversé une couche d'eau. Les fragments chauds de roches, après s'être élevés jusqu'à une certaine hauteur, retombent et produisent de la vapeur. Les roches fondues se changent en vapeur, et cette vapeur, mêlée avec l'eau de la mer, la fait bouillonner en se transformant en cendre. Il y a soulèvement de la couche des dépôts des bassins submergés, de même qu'il y a des couches de terrains non submergés. Le volcan Jorullo, produit dans un bassin submergé, se serait presenté comme une île de basalte ; le monte Nuovo, en cet état, se serait présenté comme une île composée de déjections trachytiques. Le nombre des îles composées de déjections volcaniques est grand ; il correspond au nombre des montagnes volcaniques à surface brute.

B. Comparaison entre les puits artésiens et les tremblements de terre.

§ **224.** Au moyen de la loi de l'Hydrostatique, j'ai démontré que dans les pays où l'on trouve de l'eau à une profondeur de 500 à 700 mètres, cette eau doit éprouver la pression d'une colonne ayant une hauteur beaucoup plus grande. La couche sur laquelle la lame d'eau s'écoule est de marne imperméable; les bords de cette couche ont des ouvertures dans les versants des montagnes par lesquelles s'écoule l'eau pluviale, et il faut à cette eau plusieurs jours pour arriver au fond du bassin et y alimenter le réservoir qui forme le fond du puits. L'eau de ce réservoir souterrain remonte à l'embouchure du puits à cause de la pression que lui fait éprouver la hauteur **h** de la colonne d'eau. Je n'entrerai pas dans les détails relatifs à ces puits; il suffira au lecteur de connaître l'existence des couches de dépôts superposés descendant des bords des bassins vers leur milieu, où se trouve un réservoir d'eau qui est restée stagnante pendant tout le temps qu'elle n'a pas eu d'issue.

En traitant du mode de formation du diaphragme qui est l'enveloppe des fournaises volcaniques, j'ai prouvé que c'est la chaleur latente de cette eau décomposée qui a produit : 1° l'élévation de température à cette profondeur; 2° les courants thermoélectriques; 3° le diaphragme; 4° enfin la poussée répulsive exercée par les gaz contre la paroi de l'enveloppe de la fournaise, poussée croissant de telle sorte qu'on ne peut éviter : 1° le degré de répulsion **r** suffisant pour vaincre la résistance $s + \mathbf{p}$ de la solidité s du diaphragme, et 2° celle **p** de la poussée des couches des dépôts.

Ainsi tous les faits qui accompagnent les tremblements de Terre se combinent d'après la loi de la Mécanique pour correspondre, d'une part à la répulsion des gaz, et de l'autre à la structure stratifiée des dépôts. Tous les soulèvements du sol ne sont que des couches de dépôts repoussées par les gaz et réduites en oscillations; ensuite les couches se détachent entièrement, et c'est alors que se font sentir les trépidations et les bruits souterrains qui précèdent le tremblement de Terre.

Si les gaz parviennent à s'ouvrir une issue assez large, ils s'en échappent souvent avec une température suffisante pour les faire s'enflammer au contact de l'oxygène. Les deux gaz avec la vapeur d'eau s'échappent rarement ensemble; d'ordinaire, c'est l'acide carbonique qui s'échappe le dernier. Une partie du gaz des marais acquiert la propriété du soufre en se combinant avec l'hydrogène pour se changer en gaz sulfhydrique; ce gaz s'allume donc et donne des flammes visibles la nuit. Ces flammes ont une grande intensité quand le gaz des marais est en grande quantité, comme cela a toujours lieu au commencement des éruptions.

Temple de Séparis. Il y a trois colonnes de marbre ABC (fig. 14) de ce temple debout sur un sol qui est à peu près au niveau DE de la mer. A partir de ce niveau jusqu'à la hauteur *a* de 3 mètres, les colonnes sont dans leur état naturel comme elles le sont au-dessus de *b*. C'est l'intervalle *ab* de 2 mètres de longueur qui est perforé par des coquilles lithophages. On a reconnu que depuis 1800 ans le sol s'est abaissé pour que la partie *b* des colonnes se trouve au niveau de la mer, la partie *b*A au-dessus de la mer et la partie *ac* au-dessous du fond de la mer.

Fig. 14.

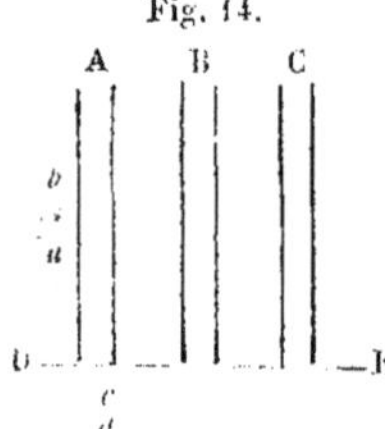

La partie *ab* a dû rester en contact avec l'eau de la mer depuis l'époque *e*, où le sol s'est affaissé de 5 mètres au moins, jusqu'à l'époque *e'* qu'il s'est soulevé au niveau actuel. Ce va-et-vient du sol s'est opéré : 1° par un éloignement rapide d'une couche du dépôt *d* qui était le support du sol, et pendant la durée *e* — *e'* la partie *ab* est restée exposée aux coquilles de la mer ; 2° par une injection de basalte dans l'espace *d* au-dessous du sol soulevé. Si ce va-et-vient s'était opéré graduellement, l'effet des coquilles devrait y correspondre.

§ 225. **Effets des affaissements attribués aux redressements.** Sans avoir aucun égard aux affaissements indiqués, les géologues ont pris les soulèvements de causes volcaniques pour preuve dans l'explication des inclinaisons des dépôts stratifiés, explication qui n'a pu être donnée qu'au moyen de deux erreurs. 1° Au lieu de se baser sur les puits artésiens et de reconnaître les dépôts à la surface inclinée des bassins, les géologues, pour s'éviter des recherches, ont admis que ces dépôts s'étaient formés à la surface horizontale du fond de la mer. 2° Au lieu d'attribuer l'affaissement des couches (§ 169) à l'inclinaison du fond des bassins, ils ont, en dépit de la loi de la Mécanique, admis le redressement des dépôts, en se basant sur des faits dont il n'est aucun qui ne puisse trouver son explication : 1° dans les surfaces convergentes des bassins auxquelles correspondent les inclinaisons des couches des dépôts, et 2° dans les affaissements de ces dépôts vers le fond du bassin, affaissements que l'on voit dans les contours *aa'*, *bb'*, *cc'* (fig. 11) des couches ; ces contours se sont opérés avant la solidification des minerais composant les dépôts par lesquels les bassins ont été comblés.

IV. ILES CONTINENTALES ET ILES DE BASALTE.

§ 226. Il y a des îles composées de pics de basalte qui ont leur base à une grande profondeur de la mer ; il y en a d'autres composées de trachyte qu'on a nommées *restes d'anciens continents*, et d'autres encore composées, comme les continents, de dépôts stratifiés. Le trachyte et le basalte étant des produits volcaniques, les géologues n'ont fait aucune distinction entre les îles composées de produits volcaniques; aussi n'ont-ils pu se rendre compte de la grande profondeur qui environne les îles de basalte et de la faible profondeur qui environne les îles de trachyte, profondeur qui ne diffère pas de celle qui entoure les restes des anciens continents.

Pour évaluer la poussée répulsive **r** exercée contre les pyramides soulevées de basalte, les géologues considèrent la hauteur **h** de basalte comme une hauteur double **2h** d'une colonne d'eau; en divisant cette hauteur par 10,5, le quotient $\frac{2}{10,5}$ **h** indiquerait le nombre d'atmosphères correspondant à la poussée répulsive **r** des gaz contenus dans les fournaises. C'est ainsi qu'ils ont été conduits à trouver à cette poussée **r** une valeur de plusieurs millions d'atmosphères.

Je démontre ici que ce calcul est erroné, car l'expulsion du basalte n'a pas été opérée par une poussée des gaz qui sont restés renfermés dans les fournaises, mais la masse liquide a été accompagnée par les gaz quand elle s'est échappée de la fournaise. Au lieu donc de supposer que la poussée **r**, qui a des millions d'atmosphères, s'est exercée une seule fois, il faut admettre qu'elle s'est exercée un grand nombre *n* de fois sur la masse *m* pendant son soulèvement. Ainsi le nombre des atmosphères est indiqué par $\frac{2}{10} \times \frac{\mathbf{h}}{n}$, qui est de quelques milliers.

Il y a donc : 1° des îles de basalte ayant leur fournaise dans la houille du géostrome; 2° des îles de trachyte et de basalte qui ont leur fournaise dans la houille ancienne des bassins; 3° des îles nommées *restes d'anciens continents* séparées de ceux-ci par des détroits remplis d'eau quand il y a eu une élévation du précédent niveau de la mer.

Dans les bassins des continents sont les dépôts stratifiés et les déjections volcaniques. Ces mêmes matières composent les restes d'anciens continents, de sorte que, 1° les îles séparées des continents voisins par une profondeur moindre de 500 mètres faisaient autrefois partie de ces continents, et 2° les îles basaltiques qui sont séparées des continents par des profondeurs de toute grandeur n'ont jamais été unies avec les continents. Ces îles se trouvent seulement dans la zone torride, tandis que les précédentes sont dans chaque latitude.

CHAPITRE III.

LE DÉLUGE OU L'ÉTABLISSEMENT DU NIVEAU ACTUEL DE LA MER.

§ 227. La présence des deux colonnes d'air, en exerçant une pression barométrique **p** sur les latitudes supérieures à la surface de la Terre, en a fait baisser le niveau et l'a fait s'élever aux latitudes inférieures. La séparation des deux colonnes d'air a eu pour résultat immédiat : 1° l'établissement d'un équilibre atmosphérique par la distribution de la couche d'air qui est restée autour de la zone torride, et 2° l'établissement du niveau de la mer par la distribution de la masse d'eau soulevée dans les latitudes inférieures à la surface des trois océans.

Ainsi le mot *Déluge* n'indique que l'établissement du niveau actuel de la mer ; car ce niveau avait d'abord été détruit par la présence des deux colonnes d'air. 1° La présence de ces deux colonnes d'air et l'élévation du niveau dans les latitudes inférieures ; 2° la séparation des colonnes d'air et l'établissement du niveau de la mer sont liés par la loi hydrostatique, de sorte qu'un établissement d'équilibre a dû être précédé d'une destruction; celle-ci ne pouvait cesser qu'avec la cause qui l'a produite. C'est ainsi qu'on a déduit la série suivante de faits liés entre eux par la loi physique :

I. La rupture de l'équilibre hydrostatique à laquelle a été soumise la masse d'eau soulevée a été la *force*.

II. L'écoulement de la masse d'eau de l'équateur vers les pôles a été l'*action*.

III. L'établissement de l'équilibre ou le niveau actuel de la mer a été l'*effet*.

L'écoulement de l'eau des régions équatoriales des trois océans vers les pôles s'est opéré sous forme de deux torrents divergents sur chaque océan. Une masse M d'eau se trouvant dans les latitudes inférieures au-dessus du niveau actuel a été transportée dans les latitudes supérieures pour que le niveau précédent pût s'élever à son état actuel.

Traces des torrents. Pendant sa translation la masse M d'eau a inondé les parties inférieures des continents, brisé les roches les moins solides et en a enlevé les fragments pour les déposer sur la partie du fond de la mer la plus éloignée de l'équateur. La série des effets de ce genre se manifeste dans la généralité des directions des embouchures des ports, des golfes et des détroits qui regardent dans les deux hémisphères vers l'équateur, ou plus exactement vers le point par lequel chaque côte a été atteinte par un torrent simple, ou par l'union des deux ou même des trois torrents.

L'eau des torrents était d'une teinte rougeâtre comme l'eau du Nil. L'argile des continents qui a été atteinte par ces torrents a pris cette couleur; c'est pourquoi on lui a donné le nom de *grès rouge* moderne, dont la généralité est reconnue par les géologues, qui en apprendront ici l'origine.

Traces des glaçons et de l'abaissement de température des torrents. Dans la zone torride, la couche d'air a empêché l'éloignement de la chaleur; en dehors de cette zone, la masse d'air a manqué, et le froid de l'espace a fait baisser la température des torrents au-dessous de zéro; c'est alors qu'ils se sont couverts de glaçons. Ceux-ci, en avançant vers le pôle parallèlement aux versants des côtes, y ont produit des stries, des sillons et des surfaces polies indiquant le niveau du torrent.

Au devant des côtes qui ont exercé des résistances sur

les courants, les glaçons se sont accumulés et ils y ont formé des amas dont la hauteur est allée jusqu'à 1800 mètres. Les roches en ont été brisées, et les fragments détachés se sont précipités sur les glaçons.

Traces des amas des glaçons. Les fragments détachés des roches se trouvent actuellement vis-à-vis de ces roches à des distances qui vont jusqu'à 400 lieues. Cet éloignement des fragments a eu lieu depuis que l'équilibre atmosphérique s'est établi, et cet équilibre s'est opéré en même temps que le niveau de la mer. Depuis le Déluge, la température en été s'est élevée dans ces latitudes, comme à présent, au-dessus de zéro, et les amas de glace de 1800 mètres d'altitude ont mis une dizaine de siècles à se fondre quand les susdits fragments se sont trouvés déposés dans des endroits où ils sont restés conservés pour toujours.

Séries de traces de la séparation des colonnes d'air. I. Deux courants d'air très-violents ont laissé des traces correspondantes à leur intensité et à leur direction.

II. Un abaissement de température a été cause que les restes des animaux se sont conservés jusqu'à présent, et il a produit des glaçons sur les torrents.

III. La disparition de la pression barométrique **p** a produit deux séries de faits de nature différente : 1° les fournaises volcaniques ont expulsé des déjections formant des montagnes à surface brute indiquant la cessation des pluies diluviennes, et 2° les torrents cataclystiques indiquant l'abaissement de la température par la formation des glaçons dont les traces apparaissent dans la latitude de 39 degrés des deux hémisphères.

Les torrents cataclystiques n'ont laissé aucune trace de glaçons jusqu'à la latitude de 39 degrés, d'où l'on voit que la température de ces torrents s'est trouvée au-dessous de zéro. Dans les latitudes supérieures, l'épaisseur des glaçons a augmenté et la hauteur des torrents liquides a diminué. Ainsi les traces des torrents à l'état liquide, séparées de celles des glaçons, se trouvent jusqu'à la latitude précitée; au delà de cette latitude, on trouve bien encore des traces de torrents, mais elles y sont mêlées avec celles des glaçons. Je donne séparément les traces des torrents d'eau et celles des glaçons portés par ces torrents.

1. TRACES DE TORRENTS CATACLYSTIQUES CONSERVÉS DANS LES CONTOURS DES ILES ET DES CONTINENTS.

§ 228. En regardant sur une mappemonde, on ne distingue d'abord aucune symétrie ni dans la distribution des mers et des continents, ni dans les concours de ceux-ci et de leurs îles ambiantes; tout y paraît fortuit et accidentel.

J'ai déjà dit que le globe de glace qui formait la Terre dans le principe avait une forme ovalaire, d'où il est résulté, en vertu de la loi de la Mécanique: 1° que les superficies les plus éloignées du centre de gravité ont été occupées par les continents, et 2° que les superficies les moins éloignées de ce centre ont été occupées par les mers.

Ici j'admets toute espèce de formes géographiques des continents unis avec leurs îles avant le Déluge quand la pression barométrique des colonnes d'air a produit un abaissement du niveau dans ces latitudes supérieures et une élévation dans les latitudes inférieures. Ainsi j'ai trouvé que dans la Méditerranée le niveau était inférieur d'une centaine de mètres du côté de l'Europe, et supérieur du même nombre du côté de l'Afrique.

Les géologues n'ignoraient pas qu'il y a dix mille ans Thèbes était une ville maritime et que la basse Égypte se trouvait sous la mer; ils trouveront ici que leurs découvertes étaient très-justes, car ils en connaîtront la cause physique. Ils verront que, loin que les continents se soient soulevés, le niveau a baissé sur les côtes d'Afrique et qu'il s'est élevé sur celles de l'Europe.

Les extrémités sud des continents et des îles de l'hémisphère sud offrent une symétrie trop frappante pour qu'elle puisse échapper à quelqu'un.

La généralité de la direction des embouchures des ports, des golfes et des détroits des deux hémisphères vers l'équateur offre une symétrie non moins frappante.

Ces symétries d'espèces différentes sont l'effet d'une action dont la force ou la rupture d'équilibre est due à une élévation du niveau de la mer dans la zone torride. Pour que le niveau actuel s'établisse, il a fallu que la masse d'eau de chaque océan se divisât en deux moitiés et que, formant deux torrents divergents, elle se répandît d'après la loi hydrostatique, et en raison de la masse d'eau soulevée, sur chacun des trois océans. L'étendue équatoriale de l'Atlantique est de 60 degrés, celle de l'océan Indien de 75 et celle du Pacifique de 135. C'est donc dans ces rapports qu'ont été les masses d'eau des torrents de chaque océan.

Il en résulte que des effets des torrents, 1° les uns indiquent la marche des eaux vers les pôles tant qu'elles ont été séparées dans chaque bassin, et 2° les autres indiquent la supériorité de la masse d'eau des courants du Pacifique sur celle des courants des deux autres océans.

A. Traces des rencontres des torrents de récipient différent.

§ 229. Les eaux se sont déchaînées simultanément et les torrents se sont éloignés de l'équateur avec une égale vitesse. Le torrent du Pacifique est arrivé à l'extrémité de l'Australie avant le torrent de l'océan Indien ; il est aussi arrivé à l'extrémité de l'Amérique avant le torrent de l'Atlantique. Ces marches diverses ont eu pour cause des distances différentes, lesquelles sont moins grandes du côté du Pacifique que du côté des deux autres récipients.

Hémisphère sud. I. En passant comme par un canal entre l'Australie et la Nouvelle-Zélande, le torrent a dévié vers le bassin indien ; il y a brisé les roches, et les fragments en provenant se sont dispersés. Leur place, restée vide, a été occupée par la mer qui a formé des golfes, des ports et des détroits dont l'embouchure reste tournée du côté par où le torrent est arrivé. Après avoir côtoyé l'extrémité sud de l'Australie, la branche du torrent a pénétré dans le bassin indien en se dirigeant vers le nord jusqu'au golfe du Spencer. C'est dans cette région que la rencontre des torrents a eu lieu.

II. Les roches de la Nouvelle-Zélande ont été brisées de tous les côtés et les fragments en ont été éloignés, de sorte que les places restées vides forment actuellement un grand nombre de détroits, de golfes et de ports dont les directions correspondent à celles des branches du torrent.

III. Le torrent n'était pas encore couvert de glaçons quand il a côtoyé l'Australie, tandis qu'il charriait de gros glaçons en passant par les côtes du Chili et en côtoyant l'Amérique. Il y a brisé les roches, enlevé les fragments qu'il a portés dans le bassin de l'Atlantique. La branche qui y a pénétré s'est rencontrée avec le torrent de l'Atlantique vers les îles Malouines.

IV. Les torrents indien et atlantique se sont rencontrés au devant de l'extrémité de l'Afrique.

Hémisphère nord. Les continents et les bassins des océans ont, dans l'hémisphère nord, des formes dont, 1° les unes ont déterminé des rencontres correspondantes entre les torrents, et 2° les autres indiquent les endroits des mers dans lesquels s'est opérée la rencontre des branches des torrents.

I. Le torrent du Pacifique a côtoyé l'extrémité nord des Andes à une très-grande latitude quand la majeure partie de l'eau était déjà distribuée et gelée. L'extrémité nord de l'Amérique a été parcourue par une grande branche du Pacifique, branche qui s'est écoulée dans le bassin atlantique.

II. Deux branches ont pénétré du torrent atlantique dans le bassin de la Méditerranée, l'une par les plaines du Sahara et l'autre par Gibraltar. La plus grande partie du torrent indien est arrivée par Suez dans le même bassin.

D'après les distances de l'équateur parcourues par le torrent indien et par la branche du torrent atlantique qui a traversé le Sahara, on trouve que la rencontre s'est opérée autour de la Sicile. Les deux torrents s'avançaient vers le golfe du Lion quand ils ont été atteints par la branche venant de Gibraltar, laquelle avait passé les îles Baléares.

III. Les eaux de trois torrents sont passées le long des Pyrénées dans le bassin atlantique, et elles se sont rencontrées avec celles du torrent atlantique déjà avancé. Ce torrent ainsi agrandi a dévié vers le nord-est pour s'avancer dans le bassin de la Baltique.

IV. Le torrent de l'Atlantique déjà avancé a reçu la branche qui a passé du bassin du Pacifique et s'est avancé par l'Islande vers la mer Glaciale.

B. Concordance entre la forme des côtes et la direction des trois torrents de l'hémisphère sud.

§ 230. La hauteur de l'anneau aquatique étant la même, les masses d'eau de chacun des trois bassins correspondaient à la largeur équatoriale de cet anneau, largeur qui est de 135 degrés dans le Pacique, de 60 dans l'Atlantique et de 75 dans l'océan Indien, de sorte qu'on a $135 = 60 + 75$. On trouve ainsi qu'il y avait sur le Pacifique une masse d'eau égale à la somme des masses d'eau des deux autres bassins.

L'abaissement du niveau dans les latitudes inférieures a fait unir le fond précédent de la mer avec les continents voisins; au contraire, l'élévation du niveau dans les latitudes supérieures a été cause qu'une partie des continents est devenue le fond de la mer voisine. Ainsi les îles que les géologues ont nommées *restes d'anciens continents* méritent bien cette dénomination.

La forme des côtes précédentes a disparu, et la forme des côtes actuelles n'est pas l'effet d'un simple élévation de niveau, mais elle indique la direction des torrents qui ont brisé les roches et en ont enlevé les fragments. Cette même direction des torrents est également déterminée d'après la loi hydrostatique; ce sont donc cette loi et les formes des côtes des continents et des îles qui démontrent l'existence d'une action dont la généralité ne permet aucune contestation. Je ne m'étendrai pas sur cette généralité, car sur une mappemonde, le lecteur peut en suivre tous les plus petits détails géographiques qui sont en parfait accord avec la loi hydrostatique; il trouvera ainsi la preuve qu'il n'y a pas eu de grands changements depuis le Déluge.

I. **Traces du torrent du Pacifique**. Ce torrent avait l'Amérique pour rive gauche et l'Australie pour rive droite; il communiquait avec le torrent du bassin de l'océan Indien dont il a été séparé par l'Australie. Les roches de l'extrémité nord de ce continent se sont brisées, et les fragments en ont été dispersés, puis la place de ces fragments a été occupée par les eaux qui ont formé des golfes dont l'embouchure est tournée vers l'équateur.

1° La rive droite du torrent est composée dans toute son étendue de golfes dont l'embouchure est dirigée vers l'équateur et vers le nord-est jusqu'à l'extrémité sud du continent.

La partie méridionale de l'Australie, depuis le cap sud jusqu'au cap Leeuvin a des golfes dont les embouchures, dirigées vers le sud-est, correspondent à la direction de la branche du torrent du Pacifique.

2° La rive gauche du torrent a conservé les traces de la direction de ce torrent qui parcourut le bassin du Pacifique et celles de la déviation de la branche qui entrent dans le bassin atlantique. On y voit la symétrie universelle des directions des embouchures indiquant l'action commune, 1° qui a brisé les roches offrant quelques faibles résistances, et 2° qui a enlevé les fragments dont la place est restée occupée par l'eau.

II. **Traces du torrent indien.** Ce torrent avait l'Afrique pour rive droite et l'Australie pour rive gauche; ces rives se terminent dans la même latitude. Il y a eu la partie occidentale divisée par Madagascar dont les roches qui se trouvaient sur les côtes ont été brisées et les golfes ont leur embouchure dirigée du côté qui indique la direction du torrent qui les a produits.

III. **Traces du torrent de l'Atlantique.** Ce torrent avait l'Amérique pour rive droite et l'Afrique pour rive gauche. Ces rives, au lieu d'être parallèles, dévient l'une de l'autre en faisant diminuer leur résistance contre le choc du torrent. Sur ces rives, les golfes et les ports sont peu nombreux, cependant leur embouchure indique partout la direction du torrent.

C. Concordance entre la forme des côtes et la direction des trois torrents dans l'hémisphère nord.

§ 231. Les deux bassins de l'Atlantique et du Pacifique s'étendent jusqu'à la mer Glaciale comme ils le font dans l'hémisphère sud ; le bassin indien, au contraire, s'est trouvé séparé du bassin caspien et du bassin de la Méditerranée. Avant le Déluge, ce dernier bassin était composé d'un certain nombre de lacs dont le fond se trouvait dans les parties les plus profondes du fond de la mer actuelle. 1° Le niveau des lacs qui communiquaient entre eux était, du côté de l'Europe, inférieur d'une centaine de mètres au niveau actuel. 2° Du côté de l'Afrique, au contraire, il était supérieur d'une centaine de mètres au niveau actuel. Ainsi Thèbes était une ville maritime, et la basse Égypte faisait partie du fond de la Méditerranée. Au contraire, les

Cyclades, le Péloponèse, la Sicile, la Corse, la Sardaigne et les îles Baléares faisaient partie de l'Europe ; elles étaient unies entre elles par des plaines et des vallées dont le niveau est au-dessous du niveau actuel de la mer à une profondeur inférieure à 100 mètres. Les géologues avaient donc raison d'appeler les îles de la Méditerranée *restes d'anciens continents.*

Cet état de la moitié nord de la Méditerranée devait exister pour que l'accumulation des restes des plantes autour des embouchures inférieures des lacs fût possible et que ces restes pussent avancer vers leur fond pour y produire une chaîne de montagnes de houille ancienne qui pût alimenter les fournaises volcaniques dont les déjections d'altitude supérieure forment des îles.

§ 232. I. **Traces du torrent du Pacifique.** L'Asie formait la rive gauche et l'Amérique la rive droite de ce grand torrent cataclystique. Avant le Déluge, le niveau de la mer des latitudes supérieures était inférieur au niveau actuel; c'est pourquoi le fond des détroits et des golfes actuels faisait partie des continents voisins. L'état actuel des côtes a été produit par le passage du torrent, 1° qui a brisé les roches du côté d'où elles ont reçu le choc, et 2° qui en enleva les débris pour que leur place pût être occupée par l'eau et qu'il s'y formât des golfes, des ports ou des détroits dont l'embouchure restât tournée du côté où les roches ont été atteintes par les torrents. Les pics de basalte de grande profondeur rencontrés dans la zone torride n'ont éprouvé de la part des torrents, qu'un abaissement de niveau de la mer ambiante.

Rive gauche. Avant le Déluge, les mers de Chine, de Corée, du Japon et d'Okhotsk n'étaient que des lacs faisant partie de l'Asie; l'état actuel de ces côtes a été produit par les eaux du torrent. Ces eaux, en s'éloignant de l'équateur, en ont fait baisser le niveau. Les plus élevées des îles Philippines avaient une faible étendue, les autres faisaient partie du fond de la mer. Dans le grand nombre d'îles et dans les directions des embouchures des golfes, on doit étudier les déviations qu'ont dû éprouver les branches du torrent qui s'est brisé contre les roches des côtes. L'île *Formosa* était séparée du continent comme elle l'est actuellement.

Rive droite. En suivant les côtes occidentales d'Amérique, on rencontre des golfes et des ports dont l'embouchure est dirigée vers l'équateur; la mer Vermeille est un golfe de très-grande étendue. Tous les détroits n'occupent que la place des fragments enlevés aux roches brisées par le torrent dont l'eau s'est écoulée par ces détroits.

Une branche des Andes s'étendait jusqu'au Kamtchatka; il n'en est resté que la partie composant la presqu'île Aliaska: tout le reste, qui était la partie la plus faible, a été brisé par le torrent. La place des fragments enlevés est restée vide et forme à présent un grand nombre de détroits entre les îles Aléoutiennes. La partie inférieure du versant nord de la branche des Andes était un continent qui unissait l'Amérique avec l'Asie, parce que le niveau de la mer y était de plus de 400 mètres au-dessous du niveau actuel.

Toute cette partie a été submergée en même temps que celle du détroit de Behring, et ainsi il en est résulté que l'Asie et l'Amérique ont été séparées à cause de l'élévation du niveau de la mer ou du lac qui occupait la profondeur des bassins ayant pour paroi la surface des géopyramides, dont les parties supérieures forment aujourd'hui des îles.

§ 233. II. **Traces du torrent indien.** De même que le torrent a atteint les côtes boréales de l'Australie, de même il a atteint les côtes sud de l'Asie. Le golfe du Bengale était une mer avant le Déluge; les eaux du torrent ont brisé les roches et en ont enlevé les fragments dont la place s'est trouvée occupée par l'eau qui a formé des détroits, des golfes et des ports dont toutes les embouchures indiquaient la direction du torrent, qui avait enlevé les fragments des roches.

Dans la mer d'Oman, le torrent s'est divisé après avoir

exercé un choc violent contre la côte de l'Arabie sur laquelle sont restés les traces des endroits dont les fragments des roches ont été enlevés. La branche orientale pénétra dans le golfe Persique, et la branche occidentale pénétra dans la mer Rouge. C'est dans cette mer que se jetait le Nil avant le Déluge.

§ 234. 1° **Branche persique** La grande masse d'eau du bassin indien qui s'est brisée en touchant l'Arabie, a été divisée en deux grandes branches, dont la branche orientale a remonté les vallées du Tigre et de l'Euphrate et est passée dans le vaste bassin caspien. Le niveau de la mer, dans ce bassin, avait la même inégalité que celui de la Méditerranée ; l'océan Caspien communiquait avec l'océan Indien.

Du côté de la Perse, le niveau s'étant élevé de 100 mètres environ, le pays a fait partie du fond de la mer Caspienne; du côté nord, le niveau était d'une centaine de mètres au-dessus du niveau actuel, les steppes faisaient partie du fond de la mer, dont les côtés étaient sur les versants du Caucase et sur ceux du mont Altaï.

Les portions qui faisaient partie du fond de la mer avant le Déluge ne possèdent ni dépôts ni houille, et par suite ces portions n'ont ni volcans actifs ni volcans éteints.

Les portions qui faisaient partie du fond de la mer après le Déluge possèdent du sel marin, mais la couche de ce sel n'a pas une épaisseur égale. Cette couche de sel est restée en place après la disparition de la couche d'eau dans laquelle le sel se trouvait dissous. Ainsi la plus grande épaisseur de la couche de sel qui est dans les parties les moins élevées a fourni une preuve directe que cette quantité de sel correspond avec la diminution de l'eau disparue de la mer.

§ 235. **Volcans.** Le plus grand nombre des volcans situés dans les versants des montagnes célestes se trouvent dans de vastes bassins comblés. Les restes des plantes sont déposés au fond de ces bassins, et ces restes ont été recouverts par les dépôts stratifiés. Les dix volcans des îles Kouriles, les quatre des îles Aleoutiennes, les neuf des îles du Japon, celui des îles de Lieou-Khieou, nous font voir qu'autrefois ces îles étaient unies au continent; car autrement les restes des plantes aquatiques ou ceux des plantes continentales n'auraient pu pénétrer de la surface des lacs dans leur fond pour se changer en houille.

Mode de formation de l'état actuel du niveau de la mer Caspienne. Dans le principe, après le Déluge, il n'y avait pas de différence entre le niveau de la mer Caspienne et les autres mers. Pour que ce niveau pût se soutenir, il fallait qu'il s'en éloignât tous les ans une quantité Q d'eau égale à celle Q′ qui y arrive; mais si cette quantité n'eût pas été Q, mais Q — *q*, il y aurait eu abaissement du niveau et diminution de la surface S au point que S — S′ serait devenu égal à la surface actuelle, dont s'éloigne tous les ans la quantité Q — *q* d'eau égale à celle qui y est amenée par les fleuves.

Le niveau de la Méditerranée serait inférieur à celui de la mer Rouge si le détroit de Gibraltar était fermé et que par conséquent l'eau de l'Atlantique ne pût pénétrer dans le bassin de la Méditerranée. Si la Méditerranée était isolée comme elle l'était avant le Déluge, son niveau serait comparable à celui de la mer Caspienne.

§ 236. 2° **Traces de la branche arabique du torrent indien.** Avant le Déluge, la mer Rouge était unie à la Méditerranée; les habitants d'Arabie, qui étaient de couleur châtaine (Syr renversé *rys*, qu'on prononce *rous*, signifie *châtain* en langue slave), se rencontrèrent au *Beloutchistan* avec les Slaves. La masse d'eau qui a passé du bassin indien dans le bassin de la Méditerranée a brisé les roches, enlevé les fragments, s'est précipitée dans le bassin de la Méditerranée et a été cause que le Nil s'est jeté dans la Méditerranée.

En passant par l'isthme de Suez, le torrent en a enlevé une masse de fragments de roches, ce qui y a fait apparaître les traces de l'existence d'un détroit dont la largeur est de plusieurs lieues. L'Archipel est dans la direction de la mer Rouge; ainsi le torrent s'est brisé contre le versant sud du Balkan, une petite branche a pénétré par le Bosphore dans le bassin de la mer Noire, la grande masse des eaux a été divisée, une partie a dévié vers l'est et a produit les côtes de l'Asie Mineure, tandis que la grande masse a dévié vers l'ouest et a rencontré la branche du torrent atlantique entre les côtes de Tunis et de Sicile. C'est dans cette région que s'est opérée la poussée qui a occasionné la séparation de la branche qui a pénétré dans l'Adriatique.

Les eaux des deux branches unies ont opéré une séparation entre les îles de Corse et de Sardaigne et ont aussi séparé ces deux îles du continent. Ces branches se sont rencontrées avec la branche qui a pénétré par le Gibraltar, et toutes les trois ont passé ensemble le long des Pyrénées pour entrer dans le bassin atlantique.

Avant le Déluge, les côtes actuelles de la basse Égypte et de Tripoli faisaient partie du fond de la mer, tandis que les côtes de l'Algérie différaient peu des côtes actuelles. Ces côtes, sauf celles de Tunis, n'ont pas été détruites par le torrent; leur forme actuelle est celle d'une surface unie dans toute son étendue. Il n'y a que les côtes de Tunis qui gardent des traces du choc que leur a fait éprouver l'extrémité des eaux des deux branches. Le contraste entre les côtes unies de l'Afrique et les côtes brisées de l'Europe dans la Méditerranée a trouvé ici pour la première fois son explication basée sur la loi physique.

En passant le long des Pyrénées, le torrent a égalisé le sol ainsi qu'il l'a fait à la surface de l'isthme de Suez. C'est dans cette seule partie de la France qu'on a pu construire un canal entre la Méditerranée et l'Atlantique.

§ 237. III. **Traces du torrent atlantique.** Avant le Déluge, le niveau de l'Atlantique avait à l'équateur une altitude de 500 mètres environ au-dessus du niveau actuel, et dans les régions polaires le niveau était de 500 mètres au-dessous du niveau actuel. Les îles voisines de l'Amérique faisaient partie du continent de même que les îles voisines de l'Afrique et de l'Europe ; on en trouve la preuve dans les volcans actifs et les volcans éteints dont les déjections forment un grand nombre d'îles. Ce n'est que dans la zone torride qu'il y a des îles de basalte de grande profondeur, ce qui prouve que ces volcans ont leur fournaise dans la houille du géostrome et non dans une houille ancienne des bassins.

Pour qu'il existe des volcans, la houille ancienne est indispensable ; cette houille a été formée par l'accumulation des restes de plantes portés par les vents du sud-ouest de l'Atlantique sur les côtes d'Afrique et d'Europe. Les masses arrivées les premières ont été répoussées à une plus grande profondeur par les masses qui sont arrivées ensuite.

A partir du Maroc jusqu'à l'Islande, on ne rencontre, 1° que des déjections volcaniques dans les îles voisines des côtes d'Afrique, et 2° que de mines de houille dans les versants occidentaux de l'Europe. Avant l'apparition des pluies, il n'y avait ni mers ni plantes en dehors de la zone équatoriale. C'est depuis l'apparition des pluies diluviennes jusqu'au Déluge pendant des centaines de siècles, que les plantes y ont été produites ; une partie de ces restes compose les houilles, la majeure partie a été transformée en minerai.

1° *Traces de la rive droite.* Une branche du torrent a traversé le Sahara et est arrivée au bassin de la Méditerranée, comme cela a eu lieu pour la branche qui y a pénétré par le détroit de Gibraltar. Cette branche y a brisé les roches et en a éloigné les fragments ; ainsi l'eau a occupé la place de ces roches et a séparé l'Afrique de l'Europe.

Avant le Déluge, les îles du cap Vert étaient au-dessous de la mer ; on ne voyait paraître que le sommet de quelques pics de basalte dont aujourd'hui la hauteur dépasse 300 mètres.

Au contraire, les îles Britanniques, l'Islande, les Açores avaient une grande étendue, laquelle paraîtrait, si le niveau s'abaissait, de plusieurs centaines d emètres.

Le niveau des îles Canaries n'a baissé que très-peu. Ce niveau différait de celui de l'Égypte qui est à la même latitude parce que l'Atlantique ne communiquait pas avec la Méditerranée. Il y a en Nubie et en Égypte des déjections volcaniques antérieures au Déluge, tandis que les îles Canaries sont devenues en grande partie volcaniques à la suite de déjections postdiluviennes.

En avançant, le torrent brisa les roches des côtes de l'Ibérie et il y produisit les golfes actuels; il avait déjà devancé le golfe de Gascogne quand arriva à ce golfe le torrent de la Méditerranée. Ce sont ces torrents réunis qui ont inondé les parties inférieures du continent, en ont brisé les roches et dispersé les fragments. On voit maintenant sur les côtes actuelles de la Manche, du détroit de Calé, du canal Saint-Georges et sur les côtes de toutes les îles, les parties des roches dont ont été enlevés les fragments. De même on voit aussi sur les roches de la chaîne scandinave, que tantôt une partie des fragments détachés est tombée à la mer, tantôt une autre partie est restée conservée à la surface du continent. Les roches brisées des côtes indiquent donc dans quelle direction elles ont reçu les chocs. La généralité des effets produits par le torrent est aussi une preuve manifeste de son passage.

2° *Traces de la rive gauche*. Les Antilles avaient une étendue inférieure à l'étendue actuelle; l'isthme de Panama faisait partie du fond des deux océans. Une grande partie des eaux du Pacifique ayant pénétré dans le bassin de l'Atlantique, a formé une branche qui s'est avancée dans la vallée du Mississipi, s'est étendue par le lac Supérieur dans la vallée du fleuve Saint-Laurent, et en sortant de l'embouchure de cette vallée y a rencontré le torrent central dont une partie était déjà avancée.

Une branche s'est séparée pour pénétrer dans la mer de Baffin, où elle s'est rencontrée avec la grande branche du Pacifique. Cette grande masse d'eau a fait dévier le torrent atlantique vers le nord-est; ce torrent a traversé les parties inférieures du Groënland et en a séparé l'Islande. Les volcans de cette île sont alimentés par la grande masse de houille qui s'est déposée au fond du grand bassin.

Cette branche a rencontré celles qui venaient de la Méditerranée, et la masse totale a été divisée en deux branches par la chaîne scandinave. 1° La branche occidentale s'est avancée vers la mer Glaciale en brisant les roches des côtes occidentales de la chaîne des montagnes; 2° la branche orientale a brisé les roches des côtes orientales de la même chaîne. Le fond actuel de la Baltique faisait partie des continents; il formait la surface d'un vaste bassin au fond duquel se trouve encore une chaîne de montagnes de houille recouverte par des dépôts stratifiés de minerais.

L'existence de cette houille ancienne a été connue quand on a découvert le soulèvement de la côte du versant oriental de la chaîne. L'absence d'un pareil soulèvement de la côte du versant occidental de la chaîne scandinave prouve qu'il n'y a pas de houille. C'est donc le vent du sud-ouest qui a amené les restes des plantes et les a déposés le long du versant où s'opère un soulèvement lent, mais continu, et non, comme celui du Chili, vif mais interrompu.

II. TRACES DU PASSAGE DES GLAÇONS ET DE LEUR ACCUMULATION

§ 238. On reconnaît les traces des torrents aux fragments enlevés aux roches des côtes et à la place de ces torrents occupée par les eaux qui ont formé des ports, des golfes et des détroits indiquant la direction des torrents.

Les traces des glaçons portés par les torrents ont été produites, 1° les unes sur les roches pendant que ces glaçons s'avançaient simultanément avec les torrents; 2° les autres sur les roches des versants qui ont exercé, par leur position transversale, une résistance contre l'invasion des torrents. 1° Ces positions géographiques, et 2° la direction des torrents une fois connues, on est en état d'apprécier : 1° les versants qui n'acquirent que des stries, des sillons et des surfaces polies, et 2° les versants qui non-seulement acquirent les susdites traces, mais dont les roches furent brisées de manière que les fragments détachés se trouvent maintenant transportés loin de ces roches.

A. Traces indiquant le niveau des torrents qui ont porté des glaçons.

§ 239. Il s'est produit sur les roches des traces de frottement dans des directions parallèles aux torrents dont l'altitude était supérieure au niveau du torrent. Ainsi l'existence des stries sur les roches dépend : 1° de la présence de glaçons portés par les torrents; 2° de l'altitude des roches; 3° de la direction des versants.

I. Il n'existe pas de stries dans les latitudes inférieures à 39 degrés, ce qui prouve que les torrents n'y ont pas porté de glaçons.

II. Il n'existe pas non plus de stries sur d'autres versants que sur ceux de quelques parties des Andes, qui ont eu à la fois une grande altitude et une direction parallèle au torrent.

III. Il n'y a de stries ni au nord dans le versant occidental des Andes, ni au sud dans leur versant oriental, et cela parce qu'ils se trouvent déviés de la direction des torrents.

Les géologues ont reconnu que les traces indiquées ont eu pour cause le passage des glaçons; les fragments des roches de la chaîne scandinave qui se trouvent vers le sud les ont induits à admettre une direction du torrent, lequel venant du nord a transporté vers le sud les glaçons chargés de roches. Mais cette hypothèse n'explique ni comment les fragments de roches alpines ont été transportés sur le versant du Jura, ni comment les roches scandinaves se sont éloignées de 300 à 400 lieues de leur pays natal.

§ 240. **Description des traces observées.** Je donnerai d'abord la description des traces découvertes, puis je me contenterai de coordonner ces traces d'après la loi qui a régi leur mode de production. Les géologues ont cru que les torrents qui ont porté les glaçons étaient sortis des deux mers glaciales et s'étaient avancés vers l'équateur, où ils avaient été conduits comme les glaces actuelles des mers polaires.

I. On observe des stries, des surfaces polies et des sillons sur les granites, les silicates et les diorites, en un mot sur les minerais aérolithiques du géostrome des côtes nord et sud du lac Supérieur dans la direction du sud au nord et aussi sur le pourtour de ses îles. Depuis cette région jusqu'à l'embouchure du Saint-Laurent, dans les États de Michigan, de New-York, de Vermont, de Massachusetts, du Maine et de la Nouvelle-Écosse, comme sur les deux rives du fleuve, les roches anciennes cristallines ou sédimentaires présentent le même caractère et sont recouvertes d'un dépôt de transport sablonneux, caillouteux, argileux, avec des fragments de roches, et ces fragments sont, soit enveloppés dans la masse, soit isolés à leur surface. La direction générale des stries est S.-E., N.-O et non la direction contraire comme on l'avait cru. Les traînées de sable, les fragments de roches et de cailloux ont aussi cette direction.

On observe la limite sud de ces traces vers la latitude 39 degrés, et elle s'étend à travers la Pensylvanie, l'Ohio, l'Indiana, l'Illinois et l'Iowa. On ne connaissait pas sa limite nord.

Les plaines sont couvertes d'amas de détritus ; ces amas s'élèvent à 1800 mètres sur les flancs sud, mais non sur le flanc nord du mont Washington, et à 600 mètres dans les montagnes Vertes. Les fragments des roches sont à quelques décimètres cubes, mais il y en a aussi de 500 à 1000 mètres cubes.

Le drift ne renferme aucune preuve de la nature de l'eau par laquelle il a été transporté; il n'y a aucune trace d'organisme marin indiquant une époque particulière; il ressemble en cela à l'événement qui a produit les blocs erratiques au nord de l'Europe. Partout les dépôts recouvrent la surface des roches anciennes polies, sillonnées et striées par des glaçons qui y ont produit ces traces. On a découvert des traces pareilles dans les vallées des affluents occidentaux du Mississipi; tels sont les faits observés.

§ 241. **Explication du mode des faits exposés.** Une fois déterminée la voie suivie par la partie occidentale du torrent de l'Atlantique, il est facile de trouver l'explication de toute la série de faits décrits ici; les géologues auraient été conduits à la même conclusion s'ils n'eussent pas eu l'esprit prévenu par l'hypothèse que les glaçons venaient du pôle. La branche des torrents n'est arrivée au lac Supéeieur qu'en traversant la grande vallée du Mississipi; cette branche a été séparée du torrent de l'Atlantique par les montagnes situées entre le golfe du Mexique et l'embouchure du Saint-Laurent. Guidé par la loi de l'Hydrostatique de deux torrents, le géologue trouverait : 1° les traces des glaçons qui s'avancent parallèlement aux versants des côtes; 2° les traces des glaçons accumulés; 3° les traces des eaux charriant l'argile avec le sable et les coquilles pour les injecter dans les cavités des stries et des sillons produits dans les roches atteintes par les glaçons venant du sud.

Les fragments des roches nommés *drift* ont été charriés à la surface du fond des torrents lorsqu'ils s'avançaient parallèlement; mais les fragments détachés des roches et qui se sont précipités sur les glaçons s'en sont éloignés et ont rebroussé chemin pendant la fusion des glaçons. Les gros fragments, nommés *blocs erratiques*, s'étant ainsi reculés, comme je l'ai dit, ont induit les géologues à croire que les glaçons des torrents qui les ont portés se sont dirigés du pôle vers l'équateur.

Après avoir admis les déplacements des blocs erratiques comme preuve de la direction, les géologues n'ont pu expliquer les faits produits par la marche des torrents, surtout l'élévation des amas de détritus à une altitude de 1800 mètres sur les flancs du mont Washington, lesquels sont exposés au sud-est pour être à l'abri si le torrent venait du nord ou du nord-ouest, comme on le supposait à l'égard des traces dans les versants de la vallée de Saint-Laurent.

B. Traces produites par le choc des glaçons contre les roches.

§ 242. Les géologues n'ont pas distingué : 1° les stries produites sur le versant des côtes dirigées de sud au nord pour être parallèles aux torrents, et 2° les stries et les excavations produites sur les versants des côtes qui ont une direction différente de la précédente. Ils ont encore moins remarqué que dans le premier cas le niveau des stries est borné à une dizaine de mètres de largeur, sans que jamais il monte ou descende trop, tandis que dans le second cas les stries, les excavations qui ont des dépôts de drift arrivent, dans les flancs du mont Washington, depuis l'altitude de 1800 mètres jusqu'au pied de ce mont et dans le versant oriental de la chaîne scandinave depuis l'altitude de 1400 mètres jusqu'au-dessous du niveau actuel de la Baltique.

Bien que plusieurs observateurs eussent donné ces détails, les auteurs qui avaient déjà adopté un système évitaient de les mentionner parce qu'ils leur paraissaient ne pas s'accorder entre eux. Si les torrents portaient le drift à une altitude de 1400 mètres, comment les stries se seraient-elles produites d'abord?

Mettant de côté les conjectures des géologues qui sont toutes logiques, et dont aucune n'est conforme à la loi physique, je vais m'occuper du mode de production de ces faits d'après la loi physique par les glaçons portés sur les torrents.

Production des stries et de la rupture des roches et élévation du drift. Dans leur marche vers le pôle, les torrents ne se sont brisés que contre les versants des montagnes qui n'avaient pas la même direction, tels que le mont Washington, le mont Vert et le mont Scandinave. Les glaçons arrivés les premiers ont exercé un choc contre la roche et en ont détaché quelques fragments, puis ces fragments sont tombés à la surface des glaçons qui ont avancé. D'autres glaçons étant arrivés avec vitesse, ont dominé les premiers et les ont forcés de s'abaisser.

Ainsi la débâcle ou l'accumulation des glaçons s'est opérée d'après la même loi de l'Hydrostatique, en vertu de laquelle, pendant le printemps, a lieu l'accumulation des glaçons charriés par les fleuves. On y voit un amas d'une dizaine de mètres de haut et dont la base avance jusqu'à la plus grande profondeur du lit du fleuve. Les traces de l'altitude de 1400 mètres sont en rapport direct avec les traces qui existent au-dessous du niveau de la mer.

Les géologues n'ignoraient pas qu'il fallait qu'il existât d'abord des stries ainsi que la place des fragments qui s'en étaient détachés, place où le drift a été déposé par l'eau ; cependant ils n'ont pas pu faire concorder ces faits avec les blocs erratiques pour en déduire la loi physique d'après laquelle ces faits se sont produits. On voit des traces pareilles de glaçons sur le versant nord des Alpes et sur les côtes de la Méditerranée du côté de l'Europe ; on n'en trouve pas sur les versants du Jura et sur les côtes d'Afrique.

Traces dans les Alpes. 1° La surface des roches alpines de la vallée de la Suisse est striée, sillonnée, polie ou ondulée comme si elle avait subi un frottement énergique; on ne trouve de semblables surfaces que sur les parois des hautes vallées alpines.

2° Vers la base de ces mêmes vallées, il y a des accumulations de fragments de roches entassés et déposés transversalement ou obliquement.

3° Il y a des dépôts de sable et des cailloux roulés et striés qui occupent le fond des embouchures des vallées et sont surmontés d'une alluvion sableuse et argileuse.

Explication. J'ai pris pour exemple cette série de faits, car on y trouve tout à la fois les effets des glaçons qui se présentent dans les stries de grandes altitudes et l'effet du vent qui a produit sur les cîmes des Alpes le même effet que celui des cîmes de l'Himalaya. En effet, vers l'embouchure des vallées descendant des Alpes se sont déposés les fragments de roches qui ont été enlevés à leur versant sud, et après avoir passé au-dessus des cîmes ils ont été abandonnés dans son versant nord, où ils forment des monticules déposés transversalement ou latéralement vers le bas de ces vallées à leur débouché dans les plaines.

Ces accumulations des fragments ont été produites avant que les glaçons y aient été amenés par la branche du torrent qui est remonté par la vallée du Rhône dans celle de la Suisse. Ce torrent a donc laissé les dépôts sablonneux, boueux et limoneux avec ou sans cailloux striés qui recouvrent les monticules.

Ceux de mes lecteurs qui habitent la Suisse, en examinant les fragments qui composent les monticules de ce pays, pourront voir que ces fragments ont pris naissance dans le versant sud des Alpes. Le géologue qui s'occupera de cette découverte pourra se guider : 1° sur la direction du vent du sud au moment du Déluge, et 2° sur la place qu'occupent les monticules pour s'assurer que ces fragments qui se sont détachés de leurs rocs du versant sud ont été transportés par les cimes les moins élevées de la chaîne.

III. DIFFÉRENCE ENTRE LES GLAÇONS BLANCS ACTUELS ET LES GLAÇONS DILUVIENS.

§ 243. Pour donner au lecteur une idée plus exacte des glaçons portés par les torrents cataclystiques, je dirai succinctement, 1° comment les glaçons s'éloignent des deux mers polaires, et 2° la voie qu'ils suivent. Les géologues ont admis que c'était des régions polaires que les glaçons du Délugeétaient venus, et qu'ils ont disparu sous la latitude de 39 degrés, comme cela a lieu pour les glaçons actuels. Pour faire ressortir la différence qui existe entre ces glaçons, je me bornerai à faire connaître aux géologues comment les glaçons actuels s'éloignent des mers glaciales. Quant à la manière dont se produit l'épaisseur des glaçons dans les versants des côtes de la mer de Baffin, je renverrai le lecteur au texte de l'*Atlas météorologique* et à la *Physique* (t. III, p. 776).

Courants marins propres à porter des glaçons. La température de l'eau de la mer en contact avec les glaçons est à zéro; ainsi son poids spécifique est inférieur à celui de l'eau entre 0° et 6°. Si donc la température de l'air et de la surface de la mer est entre 0° et 6°, l'eau à 0° flotte à la surface et elle mène les glaçons dans sa direction à une époque pendant laquelle l'élévation de sa température locale fait augmenter le volume de la glace : de là résulte la rupture des grandes plaines de glace en plusieurs morceaux.

L'eau de la mer étant entre 0° et 6° porte à sa surface l'eau à 0° qui est en contact avec la glace déjà brisée. L'eau qui arrive des fleuves s'éloigne par le détroit de Behring et ceux du Spitzberg; la température y est au-dessus de 6 degrés pendant le printemps. Dans les parages du Groënland et des côtes voisines de l'Amérique, la température est alors au-dessous de 6 degrés. Dans ces parages, l'eau à 0° reste donc à la surface de la mer et avance avec les glaçons jusqu'aux parties dont la température est au-dessus de 6 degrés.

A l'époque donc où la température s'élève au-dessus de 6 degrés, l'eau à 0° qui est en contact avec la glace se précipite au fond de la mer, et la glace s'y arrête en recevant la chaleur de l'eau et de l'air qui sont au-dessus de 6 degrés. Ainsi, 1° une quantité de chaleur Θ s'éloigne de l'eau dans la mer Glaciale pour passer dans l'air et dans les couches inférieures de la mer, et 2°une égale quantité Θ de chaleur de l'air et de la mer sur les parages de l'Amérique disparaît pour fondre la glace. Les montagnee de glace, sur les côtes de la mer de Baffin, se forment par le dépôt des vésicules de vapeur des nuages, de même que ces vésicules se déposent sur les versants des montagnes et en font déborder des sources sans qu'il apparaisse de pluies. Ce fait si simple est encore inconnu des météorologistes; il en est qui prétendent en avoir trouvé la cause dans les canaux voisins des chemins dont l'eau suffirait pour faire déborder la Seine pendant plusieurs semaines.

CHAPITRE IV.

GLACIERS ET BLOCS ERRATIQUES.

§ **244.** C'est 1° sur les diaphragmes des vallées qui se trouvent au devant des glaciers composés de fragments de roches, et 2° sur les diaphragmes semblables nommés *moraines* des vallées des Vosges, où ne se trouvent pas de glaciers, que se sont basés les géologues Agassiz, Deror, Martu, etc., pour composer une série d'hypothèses logiques à laquelle on a donné le nom de *Théorie des anciens glaciers*, et dont on s'est servi pour expliquer, 1° comment des fragments s'étaient détachés des roches, et 2° comment ces fragments avaient été transportés aux points qu'ils occupent depuis cette époque.

Les naturalistes, convaincus que la science ne peut faire aucun progrès si l'on use d'explications basées sur des hypothèses, se sont décidés à suivre la voie indiquée par la loi de la Physique, loi qui s'appuie sur l'*origine du mouvement* et la *cause de l'affinité*. Les physiciens étaient tout à fait incapables d'enseigner cette loi aux naturalistes; ils leur montraient l'existence du mouvement au lieu de leur en montrer l'origine; ils leur montraient l'existence de l'affinité au lieu de leur en montrer la cause.

Ne pouvant donc apprendre des physiciens à connaître les lois de la Physique, les naturalistes durent chercher l'explication d'un ensemble de faits dans un ensemble d'hypothèses. Cet ensemble d'hypothèses est ce qu'on appelle les *théories*, auxquelles on a donné une valeur supérieure à celle des hypothèses isolées. En agissant ainsi, les naturalistes ne firent pas un pas de plus que leurs prédécesseurs, qui employaient des hypothèses pour expliquer des faits observés.

Les découvertes des astronomes n'étaient pas à la portée des géologues, de même que les découvertes des géologues n'étaient pas à la portée des astronomes; et cependant ceux-ci auraient bien pu trouver dans les îles composées de millions de cadavres le point de séparation d'une masse d'air ayant une violence suffisante pour lui faire parcourir une distance comparable à celle du grand axe des orbites des comètes. De même, les géologues auraient pu trouver dans la séparation de cette masse d'air l'explication de tous les détails du Déluge. Ils n'avaient besoin pour cela ni d'hypothèses ni de théories; il leur suffisait de connaître les lois de la Physique, lois qu'ignoraient les physiciens.

Dans cet ouvrage, les explications sont basées sur la loi de la Physique découverte pour la première fois; ainsi l'on n'y rencontre ni hypothèses ni théories. Les lecteurs y trouvent les faits déjà connus; mais au lieu d'avoir fait servir ces faits à composer des hypothèses propres à les expliquer, j'ai employé les lois de la Physique pour toutes les explications; je n'ai rapporté ces faits et leur description qu'à titre d'exemples.

En lisant la description des faits, ce n'était pas sans difficulté que l'on parvenait à classer dans sa mémoire les hypothèses employées pour les expliquer. Ici les lecteurs devront commencer par acquérir la connaissance des lois de la Physique, qui contiennent l'explication de l'ensemble des faits dont le nombre est infini. Je rapporte une grande quantité de ces faits, mais seulement à titre d'exemples, pour rendre plus évidente l'application des lois. Ainsi, en parlant des glaciers disparus dont les traces ont été conservées, je cite à l'appui de mon assertion les glaciers actuels pour mieux faire comprendre comment ils se sont conservés en vertu des lois de la Physique. Ces lois, à la vérité, étaient déjà connues, mais les météorologistes, habitués qu'ils étaient à expliquer les faits par des hypothèses, en sont venus à ne plus s'occuper de la recherche des explications basées sur les lois de la Physique.

I. MÉCANISME DE LA CONSERVATION DES GLACIERS ET DE LEUR RENOUVELLEMENT.

§ 245. Je choisis les glaciers pour faire connaître comment ils se sont conservés et renouvelés en vertu des lois de la Physique qui, bien que connues, n'ont cependant pas été employées pour en prouver l'application. La majeure partie des observateurs se sont bornés à chercher à découvrir de nouveaux détails. Cette recherche a abouti à prouver l'existence d'une péridiocité annuelle. 1° Pendant le printemps les glaciers se montrent complets, leur surface est unie, il ne sort du fond de la vallée qu'une petite quantité d'eau. 2° Pendant l'automne ou à la fin de l'été, les glaciers manquent de fraîcheur, leur surface est traversée par des fentes ab, $a'b'$, $a''b''$ (fig. 15) ayant 1 mètre et plus de largeur d'un versant de la vallée AB jusqu'à l'autre CD. Ces fentes, nommées *puits*, restent pleines d'eau glaciale. Du fond de la vallée, il sort une masse d'eau si considérable pendant tout l'été, qu'en la soumettant au calcul elle donnerait dans l'espace de cent jours un volume comparable à celui de la masse totale du glacier. L'extrémité inférieure BD se rétrécit pour reculer jusqu'à $a''b''$. L'embouchure BD présente une voûte produite par la fusion de la glace du côté du fond de la vallée. L'eau de la vallée ne provient pas des puits qui restent toujours pleins.

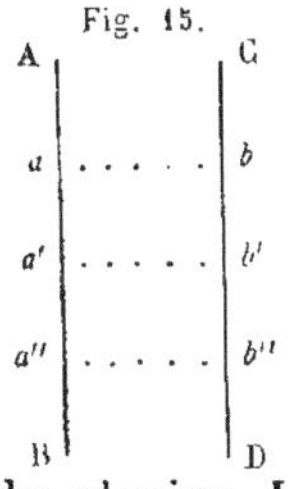

Fig. 15.

Les puits de l'automne gèlent en hiver et deviennent des

plaques d'une plus grande solidité que celle des débris de glace qui forment les intervalles qui se trouvent entre eux. La couche de neige de l'hiver fait remonter le niveau de la surface du glacier, de sorte qu'au printemps les glaciers se montrent toujours à leur état normal.

Mode de la conservation de la glace en été. J'ai montré ci-dessus (p. 268 et 269) comment il se maintient une basse température dans les glaciers au moyen du courant d'air descendant du sommet de la vallée; je me bornerai a indiquer l'origine de la grande quantité d'eau qui descend en été et qui forme un grand torrent, sans néanmoins faire beaucoup diminuer le volume de la glace.

Les masses énormes des vésicules composant les nuages ne sont pas dissipées pour que le ciel reprenne sa sérénité; les vésicules visibles sous forme de nuages ou qui constituent la blancheur du ciel venant en contact avec les versants des montagnes, crèvent, et l'eau de leur enveloppe s'y dépose. Ce dépôt de l'eau des enveloppes des vésicules est d'autant plus prompte que les surfaces atteintes sont plus froides, comme chacun peut le remarquer en hiver sur les carreaux des appartements habités. J'ai dit ci-dessus que dans les versants des côtes de la mer de Baffin, les dépôts de l'eau des enveloppes des vésicules forment des montagnes de glace qui ont des centaines de mètres d'épaisseur; de semblables dépôts sur les versants des montagnes amènent le débordement des fleuves qui y ont leurs sources.

Mode de renouvellement des éléments des glaciers. Les crevasses transversales qui se trouvent à la surface des glaciers sont produites en été par l'affaissement de leur extrémité inférieure minée par la fusion de la glace en contact avec le sol, car ce sol reçoit la chaleur du sol ambiant nu. Ces crevasses se remplissent d'eau et deviennent des puits, parce que leur fond est fermé. L'hiver suivant l'eau gèle, et tout le corps du glacier devient une masse solide et compacte. Quand vient le printemps et que le sol voisin de l'embouchure du glacier acquiert une température au-dessus de zéro, la glace en contact se fond et l'eau produite s'écoule, puis il se forme une voûte. Lorsque en été le sol de la moitié inférieure de la vallée acquiert une température au-dessus de zéro, il se détache de la base de ce glacier; celle-ci s'affaisse alors vers son extrémité inférieure, et une partie soutenue par la voûte s'écroule et produit des crevasses à la surface du glacier, crevasses qui deviennent des puits.

Si l'on remplit une partie d'un puits *ab* des roches en laissant le reste geler pendant l'hiver suivant, on trouve au bout de quelques étés que le glacier a fait deux mouvements : 1° l'un du sommet AC vers son embouchure CD, et 2° l'autre en forme d'arc α ayant pour axe la glace transversale *ab* du puits et pour rayon la profondeur *p* de ce puits. Après un nombre *n* d'étés, cette profondeur *p*, en continuant de suivre la voie courbe quand elle a décrit l'arc α *n* fois, remonte à la surface du glacier avec les parois des puits et avec les roches enterrées dans le glacier. Si la crevasse était la distance B*a* de l'extrémité BD du glacier quand les roches ont été enterrées, cette distance est B*a'* après *n* ans lorsque les roches arrivent à la surface du glacier.

Les observateurs et les empiristes, après avoir fait ces séries d'observations, se sont arrêtés à l'exposé fidèle de leur résultat; il n'y a dans cette manière d'agir rien qui soit basé sur les lois de la Physique. 1° La quantité d'eau provenant du fond de la vallée servirait à évaluer la quantité des enveloppes des vésicules déchirées à la surface du glacier; 2° l'apparition des roches enterrées à la surface du glacier servirait à prouver la fusion de la glace occasionnée par la chaleur du sol.

§ 246. **Comment les glaciers disparaissent des vallées.** La première condition pour conserver de la glace en été est que la limite de la neige éternelle soit au-dessous du sommet de la vallée dans laquelle est situé le glacier. Dès que la limite de la neige éternelle s'élève au niveau de ce sommet, le courant d'air froid descendant est intercepté et la glace ne se maintient plus en été.

Les moraines ou les diaphragmes composés des fragments de roches qui sont au devant des glaciers actuels, resteraient en place au cas d'une élévation de température pour que la limite de la neige éternelle montât au-dessus du sommet de la vallée dans laquelle chacun des glaciers est situé.

Dans plusieurs vallées des Vosges il y a des moraines sans glaciers; la neige ne se maintient pas en été dans les sommets de ces vallées. Les géologues ont bien reconnu qu'il y avait eu des glaciers semblables à ceux qui existent; ils ont même reconnu à ces glaciers une élévation de température, sans cependant commencer par expliquer le mode de conservation des glaciers actuels pendant l'été, et sans donner l'explication physique de la disparition des glaciers situés dans des vallées, comme le sont les glaciers conservés.

N'étant pas guidés par les lois de la Physique, les géologues n'ont pu savoir pourquoi les glaciers doivent se trouver dans des vallées. Cette ignorance les a conduits à composer *la théorie des glaciers anciens* et à attribuer à la même cause physique les moraines des vallées et les blocs erratiques. Si je remonte à l'origine des erreurs, c'est pour les faire disparaître pour toujours et afin d'affranchir de ce travail les auteurs qui me suivront. Les naturalistes déjà avancés en âge se décideront difficilement à abandonner les hypothèses et les théories; ils ont une telle prévention à ce sujet, qu'ils ne croiront pas qu'il soit possible de trouver l'explication des faits par une autre voie.

Le mode d'enseignement pour la jeunesse, en France, est arrêté par les quarante membres de l'Institut, dont chacun y a conquis sa place au moyen de nombreuses découvertes auxquelles il lui a été loisible d'assigner des explications hypothétiques. Ici il faut que chaque lecteur connaisse les lois de la Physique, car elles lui suffiront pour expliquer l'ensemble des faits dont se sont occupés les membres de toutes les facultés, de toutes les académies et de toutes les sociétés. Ce qu'on a nommé *sciences* jusqu'à présent n'était autre chose que les diverses branches de l'industrie. Cette erreur s'est perpétuée depuis Aristote, parce qu'on ne connaissait pas la source des lois de la Physique. Cette source est : 1° l'*origine du mouvement*, et 2° la *cause de l'affinité*.

II. DIFFÉRENCE ENTRE LES GLACIERS SITUÉS DANS LES VALLÉES ET LES AMAS DE GLAÇONS DU DÉLUGE.

§ 247. Avant le Déluge, la température élevée des latitudes supérieures s'opposait à ce qu'il se formât nulle part des glaciers ou des glaçons. C'est la séparation des deux colonnes d'air qui est la cause commune de l'abaissement subit de température et de l'invasion des torrents cataclystiques qui se sont couverts de glaçons dont l'accumulation a été causée par la forme géographique des montagnes, formes qui sont restées conservées pour toujours.

I. Les torrents dirigés vers les pôles, mais non vers l'embouchure de la Lena, ont rencontré des obstacles dans les versants des montagnes, et les glaçons qui s'y sont accumulés y ont produit des débâcles mille fois plus fortes que celles des fleuves. Sur le mont Washington, le torrent a éprouvé une résistance, l'eau y a laissé les glaçons qu'elle portait, et ces glaçons ont formé un amas de 1800 mètres de hauteur, laquelle est bien marquée par les stries, les sillons et les ruptures de roches comblées par le sable et l'argile, contenant souvent des coquilles de mer. Sur le mont Vert, la hauteur des amas de glaçons était de 600 mètres et au devant de la chaîne scandinave il s'est formé une chaîne des montagnes de glaçons de 1400 mètres de haut.

Parmi ces trois chaînes, c'est celle de Washington qui dévie le plus du méridien, ce qui a été cause qu'elle a opposé une plus grande résistance indiquée par l'altitude de 1800 mètres de l'amas des glaçons, altitude supérieure à celle de la Scandinavie. Les amas de glaçons se sont dirigés du côté du versant oriental des chaînes. Il ne faut pas confondre les faits produits ainsi par les glaçons avec ceux produits sur l'Oural et l'Altaï par la violence du vent.

II. Les côtes boréales de la Méditerranée, les chaînes du Balkan et des Carpathes ont été atteintes dans leur versant sud sur lequel les glaçons se sont accumulés.

III. Dans la vallée de la Suisse, le torrent est arrivé par la vallée de Rhon ; les glaçons se sont accumulés contre le versant des Alpes, où il y a un plus grand espace que du côté du Jura. Une fois accumulés, ces glaçons ont atteint des hauteurs marquées indifféremment dans le fond ou dans les versants des vallées, ou même sur les terrains primitifs où il ne se trouve pas une seule vallée. On voit ainsi que les stries, les sillons ou les ruptures de roches n'ont pas été produits par les glaciers de nature comparable aux glaciers actuels situés tous dans des vallées, et jamais en dehors des vallées, dans les plaines.

Ancienneté et fin des glaciers du Déluge. Les amas des glaçons autour de l'un des versants des montagnes et ceux des vallées se sont accumulés en même temps pendant que les torrents s'avançaient vers le nord.

La disparition de ces glaçons a commencé immédiatement après leur accumulation, car l'air de la zone torride n'a pas tardé de se répandre, et il en est résulté la couche sphérique de l'atmosphère actuelle. La quantité q de glace fondue pendant une unité de temps dans chaque glacier correspondait à la quantité θ de chaleur que recevait chacune d'elles. Le temps écoulé depuis le Déluge jusqu'à la disparition de chaque glacier dépendait, 1° de la température T de chaque pays, et 2° de l'altitude des amas de glaçons.

Ces deux causes ont fait disparaître les glaciers du Déluge à des époques différentes.

II. **Ancienneté et fin des glaciers de vallées.** Après le Déluge, la forme des continents est restée la même qu'avant; la distribution et la masse de l'air avant le Déluge ont changé, et l'atmosphère actuelle s'est établie, atmosphère dans laquelle se forment la pluie et la neige depuis la fin du Déluge. La quantité de neige tombée en hiver se fondait en été sur de plus grandes étendues d'altitude inférieure: il ne restait qu'une petite quantité conservée sur le sommet des hautes montagnes et dans quelques vallées de grande altitude dont le sommet était couvert d'une neige éternelle. Les restes de neige conservés en été dans les vallées ont apparu partout à la même époque.

Pour qu'un des glaciers disparût des vallées et que d'autres fussent conservés, il a dû se produire une élévation de température dont l'effet immédiat n'a été qu'une élévation de la limite de la neige éternelle. Donc partout où cette élévation a dépassé le sommet des vallées où étaient situés les glaciers, la glace de ces vallées s'est fondue et elles ont disparu en laissant à leur place les moraines pour indiquer que pendant un certain espace de temps il y avait eu dans ces vallées des glaciers pareils à ceux qui ont été établis en même temps dans les vallées semblables dont le sommet est encore au-dessus de la limite de la neige éternelle.

On trouve une élévation de température analogue à celle découverte dans les glaciers disparus, si l'on compare le climat de l'Égypte, de la Grèce, de l'Italie il y a deux mille ans avec le climat actuel de ces pays. Il ne reste donc plus qu'à prouver que cette élévation de température dans les latitudes supérieures n'est que le résultat d'une altitude d'air indiquée par la pression barométrique $p + \alpha$. Avant le Déluge, dans ces latitudes supérieures, l'air des deux colonnes produisait une pression $\mathbf{p}$ et une température élevée.

Des glaciers du Déluge, il ne reste que ceux des régions polaires ; un grand nombre des glaciers des vallées ont disparu, et ceux qui ont survécu disparaîtront l'un après l'autre à cause de l'élévation de la limite de la neige perpétuelle, élévation pendant laquelle la limite des glaces polaires a reculé. Dans la zone torride, la pression barométrique est maintenant égale à celle qui y a toujours régné : telle a été, après le Déluge, la pression dans les régions polaires. Depuis cette époque, la pression est restée invariable dans la zone torride, et elle s'est élevée dans les latitudes supérieures. De même la température n'a pas changé dans la zone torride, mais elle s'est élevée dans les latitudes supérieures.

La même loi de la Physique qui a produit les colonnes d'air dans les deux prolongements de l'axe terrestre produit actuellement une pareille accumulation d'air dans les grandes latitudes ; c'est pourquoi il y a une pression barométrique supérieure à celle de la zone torride et une élévation de température qui indique un accroissement correspondant de la pression barométrique, d'où l'on voit que l'état de l'atmosphère n'est pas un état permanent comme les météorologistes l'ont supposé.

Le lecteur doit s'apercevoir que, sans entrer dans aucune controverse et sans l'avoir cherché, les séries de faits s'arrangent spontanément pour trouver les faits exposés ici et liés au moyen de la Physique avec les séries de faits qui ont été exposés jusqu'à présent.

III. FRAGMENTS DE ROCHES NOMMÉS BLOCS ERRATIQUES, DÉPLACÉS DANS LES GLACIERS DU DÉLUGE.

§ 248. Chaque espèce de poussée exercée contre les roches peut y produire des ruptures et en faire détacher des fragments. Ces fragments peuvent être enlevés de leur place d'une manière correspondante à la cause qui les a fait se détacher des roches. Jusqu'ici on ignorait que la séparation des deux colonnes d'air a été la cause du Déluge, qui a consisté, 1° en torrents cataclystiques dirigés de l'équateur vers les pôles, et 2° en abaissement de température qui a fait que les torrents se sont couverts de glaçons dans les latitudes supérieures.

On trouve à présent des fragments de roches éloignés de leur lieu de naissance et qui ont quelque ressemblance avec les fragments qui composent les moraines situées au devant des glaciers. C'est cette ressemblance qui a induit les géologues à supposer que les glaçons avaient transporté les fragments, et ils ne sont entrés dans aucun détail à ce sujet.

Murchison d'abord, puis les autres géologues après lui, ont classé dans le système permien les amas de minerais qui ont été apportés dans les endroits où, comme des blocs erratiques, ils se montrent comme *épélydes*, avec cette différence que le lieu de naissance de ces épélydes n'est pas connu, tandis que celui des blocs erratiques est incontestable. Je distinguerai ici quatre classes de dislocation de fragments produites dans l'ordre suivant :

I. **Dislocations anémiennes.** L'air des deux colonnes partant de la zone torride où était la base de chaque colonne a parcouru la surface de chaque hémisphère en en enlevant les corps, 1° pour les transporter au loin, 2° pour les faire dépasser les cimes des montagnes, ou 3° pour les introduire dans les cavernes dont l'ouverture était exposée au vent.

II. **Dislocations aquatiques.** Les torrents ont brisé les roches et ils en ont enlevé les fragments pour les déposer à une plus grande profondeur, où ils restent invisibles.

III. **Dislocations par la marche des glaçons.** Les glaçons épais répandus sur les côtes inférieures ont pu atteindre le sol; ils y ont exercé des poussées contre les roches, les ont brisées et en ont éloigné les fragments; ces roches ont acquis des stries.

IV. **Dislocations par la fusion des glaçons.** Les roches des versants atteintes par les glaçons amenés par les torrents ont éte brisées, et les fragments détachés se sont précipités sur ces glaçons. C'est pendant la fusion des glaçons que le transport des fragments s'est opéré d'après la loi de la Mécanique pour parcourir une distance de 300 à 400 lieues et arriver aux points sur lesquels ces fragments se sont arrêtés et où ils sont restés jusqu'à présent.

I. La généralité du système permien suffit pour rendre évidente la poussée exercée par l'air dirigé vers l'embouchure de la Lena. L'ensemble des marnes rouges de sable et de grès s'appuyant sur le pied du versant occidental de l'Oural, n'indique aucune trace des courants d'eau. Personne n'a songé aux courants d'air, on a voulu comparer les déplacements de ces minerais aux dislocations produites par des tremblements de Terre. Ainsi, loin d'y reconnaître un courant d'air comme cause physique des faits observés, on a admis l'existence de perturbations d'origine inconnue. Voilà ce qu'a produit l'incapacité d'isoler les masses de minerais : sable, argile, fragments de roches transportés, 1° du versant sud de l'Himalaya, des Carpathes, des Alpes, etc., sur le versant nord, et 2° des plaines ambiantes dans les ouvertures des cavernes.

Si au lieu d'affirmer, comme Gmelin, que les gros animaux de l'Asie, dans leur épouvante, ont parcouru des milliers de lieues pour aller s'accumuler autour de l'embouchure de la Lena, les géologues avaient essayé de découvrir la cause de ce fait qui s'est opéré en vertu d'une des lois de la Physique, ils auraient, comme moi, été conduits à voir qu'un courant d'air très-violent a poussé les gros animaux de l'Asie, de l'Amérique et de l'Europe et les a abandonnés autour de l'embouchure de la Lena, car c'est dans cette région que s'est effectuée la séparation de la masse d'air.

II. La généralité de la coïncidence entre les contours géographiques des continents et des îles avec les directions des torrents cataclystiques, nous montre que les roches primitives ont été brisées, que la place laissée vide par les fragments enlevés a été occupée par l'eau qui y a formé des ports, des golfes et des détroits dont l'embouchure est restée dirigée vers le point où les roches ont été atteintes par les torrents.

III. Les roches atteintes par les glaçons ont été couvertes de sillons et de stries qui ont été remplis de sable, et d'argile contenant quelquefois des coquilles maritimes.

Toutes ces espèces de dislocations ont été exposées d'après les lois correspondantes de la Physique; il ne me reste plus qu'à exposer d'après la loi de la Mécanique : 1° le mode de translation des fragments détachés du versant de la chaîne scandinave pour les faire arriver vers le sud-ouest, et 2° le mode de translation des fragments des roches alpines pour les amener sur le versant du Jura.

A. Blocs erratiques scandinaves.

Fig. 16

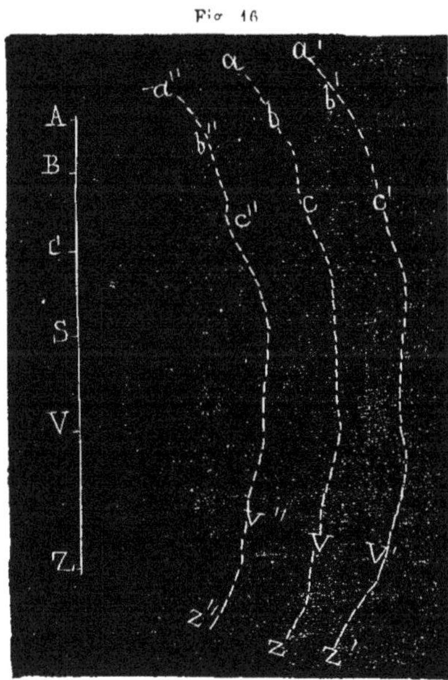

§ 249. Sur les côtes de la Scandinavie se trouvent les dépôts argileux coquilliers s'élevant jusqu'à 150 et 200 mètres au-dessus de la mer et reposant sur la surface polie, striée et sillonnée par les roches cristallines de la Norwége. On rencontre ces stries depuis une altitude de 1400 mètres jusqu'au-dessous du niveau de la mer.

Les fragments détachés des roches A, B, C, D..., V, Z (fig. 16) se trouvent arrêtés de manière à former à la surface des plaines de la

Russie, de la Pologne, du nord de l'Allemagne et de la Hollande une ligne courbe continue plus ou moins sinueuse, sorte de demi-cercle dont le centre se dirigerait vers Stockholm et dont les rayons varieraient de 300 à 400 mètres. Ainsi l'on trouve des milliers de fragments dans la zone *abc...*, *a'b'c'* ayant une centaine de lieues de largeur.

Les fragments *aa'* de l'extrémité de la zone en Laponie, sont composés de minerais qui ne diffèrent pas de ceux qui composent les roches A de l'extrémité nord de la chaîne scandinave. Les roches Z de l'autre extrémité de cette même chaîne sont composées des mêmes minerais que les fragments *zz'* qui se trouvent en Hollande.

Les fragments intermédiaires *b*, *c*..., *v* entre les deux extrémités de la zone, sont composés de minerais qui se succèdent dans le même ordre que les roches de la chaîne des montagnes de B jusqu'à V.

1° La surface des fragments est anguleuse et pointue; 2° la surface des roches présente des excavations en forme de coin propres à recevoir les fragments pour former une roche massive.

Une fois les fragments ainsi transportés là où ils ont pris naissance, les plaines deviennent uniformes, avec cette différence cependant que le niveau de la place occupée par les roches se trouverait de plus de 1 décimètre au-dessous du niveau du sol actuel. Pour obtenir le niveau du sol de l'époque où sont arrivés les fragments, il faudrait une couche composée de silice et d'alumine ou d'argile ayant à son extrémité *zz'* une épaisseur presque double de celle de l'extrémité *a*; cette couche d'alluvion est postdiluvienne.

Je n'abuserai pas de la patience du lecteur en lui énumérant les hypothèses et les théories des glaciers anciens; je me contenterai de lui démontrer, d'après la loi de la Mécanique, comment les fragments ont été transportés de leur lieu de naissance aux points que chacun d'eux occupe aujourd'hui. Ces fragments ont été détachés des roches au moment où celles-ci ont subi les chocs des glaçons charriés par le torrent; ces glaçons s'y sont accumulés et ont formé une montagne dont la base a été la superficie du demi-cercle *abc... z*, et le sommet la longueur AZ ayant une altitude de 1400 mètres sur le versant de la chaîne scandinave.

Immédiatement après cette accumulation de glaçons, l'état actuel de l'atmosphère s'est établi. La glace s'est fondue en été, elle a augmenté en hiver, mais d'une quantité q inférieure à celle $q+\alpha$ qui s'était fondue. En supposant que la masse totale de la glace soit $M=N\alpha$, on trouve qu'il a fallu N ans pour que la glace fût entièrement fondue.

Il ne me reste plus qu'à montrer, 1° d'après la loi de la Thermostatique le mode de la fusion de la glace, et 2° d'après la loi de la Mécanique le mode de translation des fragments du sommet de l'amas des glaçons à la périphérie de leur base, où ces fragments se trouvent à présent.

J'ai démontré que dans les glaciers actuels le torrent d'eau qui, en été, provient du fond de la vallée, est produit par la glace qui se fond à la chaleur de la couche du sol ambiant, chaleur qui se propage sur le terrain occupé par les versants de la vallée où est situé le glacier.

La quantité q' de glace des glaciers anciens fondue en été à leur surface par le Soleil, différait peu de celle q qui s'y est formée en hiver. Ainsi l'excédant α de la glace fondue provenait de la chaleur du sol ambiant s chauffé en été par le Soleil, chaleur qui de là se propageait sur le sol s' soutenant la périphérie de la base du glacier. C'est donc d'après cette loi de la Thermostatique et en même temps d'après la loi de la Mécanique que s'est opérée la translation suivant des fragments de roches.

§ 250. **Mécanisme de la translation des fragments de roches.** En été, la chaleur du sol s'élève de plusieurs degrés au-dessus de zéro depuis la Laponie jusqu'à la Hollande; cette élévation de température a eu lieu quand, après le Déluge, l'état actuel de l'atmosphère s'est établi. La chaleur du sol ambiant *s* s'est donc propagée sur le sol *s'* contenant la périphérie du glacier. Quand la couche de glace *a'*, *b'*... *z'* a été fondue, l'eau s'en est éloignée et la superficie du sol *s'* s'est mise en contact avec l'air. La chaleur du sol *s'* a augmenté et elle s'est propagée sur la partie *s''* la plus avancée; de sorte que lorsque la masse M du glacier a été minée presque jusqu'au pied AZ de la chaîne des montagnes, elle s'est trouvée en équilibre rompu après avoir perdu son support.

Pendant que le glacier était miné à sa base, il l'était en même temps du côté de la surface du versant de la montagne. La rupture d'équilibre de la masse M s'accroissant par ces deux causes, a amené une action inévitable, *l'affaissement de cette masse sur le sol s'*, ce qui l'a fait se détacher du versant AZ de la montagne. C'est ainsi que s'est établi le contact primitif entre le sol *s'* et la base du glacier. Son sommet a fait un pas d'égale longueur λ, semblable à celui qu'avait fait sa demi-circonférence *a*, *b*, *c*..., *z* pour couvrir le sol *s'* qui dans le principe était couvert par la glace de la périphérie *a'*, *b'*, *c'*..., *z'* fondue pendant l'espace de temps T depuis l'époque *e* du Déluge jusqu'à l'époque *e'*.

C'est de cette époque *e'* qu'a commencé la fusion de la glace au-dessus du même sol *s'* et dans un espace de temps T — τ jusqu'à l'époque *e''*, la masse de glace M — *m* a été suffisamment minée pour que sa rupture d'équilibre arrivât au point de faire apparaître une nouvelle action, un affaissement de la masse M — *m* qui a mis son extrémité *a''*, *b''*, *c''*..., *z''* en contact avec le sol *s'* sur lequel, 1° à l'époque *e* du Déluge s'est trouvée la couche *a'*, *b'*, *c'*..., *z''*; 2° à l'époque *e'* après l'espace de temps T, la couche *a*, *b*, *c*..., *z* s'est trouvée sur le sol *s'*; 3° à l'époque *e''* T + τ longtemps après l'époque *e'*, la couche *a''*, *b''*, *c''*..., *z''* s'est trouvée sur ce même sol *s'*. La masse M — 2*m* s'est éloignée du versant de la montagne en faisant un deuxième pas λ égal à celui fait par la demi-circonférence a'', b'', c''..., z'' pour s'affaisser sur le sol s'.

Au bout d'un certain laps de temps après le Déluge, la fusion de la masse de glace M s'est terminée, fusion opérée au moyen de la chaleur du sol s qui était autour de la base du glacier. Les fragments des roches restant sur les glaçons ont été portés par eux, d'après la loi de la Mécanique, du sommet du glacier à la limite extérieure de sa base en décrivant un polygone ayant pour côtés les pas λ.

Changement du sol depuis la fusion de la glace jusqu'à présent. Les points du sol recouverts par des fragments de roches sont restés conservés dans le même état qu'à cette époque; ils ne différaient pas des points ambiants restés exposés aux pluies et aux rayons du Soleil, dont les éléments ont produit la couche de silice et d'alumine de plus d'un décimètre d'épaisseur. Ainsi il en résulta une élévation du niveau du sol, comme on peut l'observer autour de tous les monuments construits il y a une vingtaine de siècles. L'épaisseur de cette couche de minerais, nommée *alluvion*, n'est pas partout égale; elle est nulle sur les versants rapides des montagnes ou des vallées, elle est médiocre dans les plaines de la Russie, elle est de plusieurs mètres dans les vallées de la Mésopotamie. Partout en Égypte, en Grèce, en Italie, le sol actuel est à un niveau plus élevé que celui de l'époque où ont été construits ces monuments.

Cette élévation du niveau du sol a servi à évaluer l'espace de temps T écoulé depuis le Déluge ou depuis la fusion des glaçons, comme cela est expliqué plus bas.

B. Blocs erratiques alpins.

§ 251. De gros fragments de roches cristallines des Alpes se trouvent posés comme avec la main sur les pentes calcaires du Jura situées en face de l'autre côté de la grande vallée suisse. Ces gros fragments n'occupent pas le même niveau sur la pente du Jura, mais ils sont placés de manière à former une espèce d'échelon descendant vers l'embouchure de la vallée qui est dans les environs du lac de Genève.

La surface des roches alpines est striée, sillonnée, polie ou ondulée, ce qui indique un frottement produit par une très grande masse de glaçons et non une agitation de très longue durée, comme l'ont prétendu les géologues. On trouve ces traces de frottement sur les parois des hautes vallées alpines. Dans les parties inférieures de ces mêmes vallées, à leur débouché dans les plaines, existent des monticules composés de fragments de roches entassés (non pas disposés en forme de moraines) transversalement ou latéralement. Le fond des vallées contenant ces monticules est rempli de sable et de cailloux roulés et striés; les dépôts sont surmontés d'une alluvion sableuse et argileuse.

Bien loin que la série de faits exposés se trouve en désaccord avec les faits observés dans les fragments des montagnes scandinaves, elle aura pour résultat de mieux faire comprendre le mode d'application de la loi de la Mécanique aux glaciers qui ont leur base dans les plaines, et à ceux qui avaient leur base sur les deux versants d'une vallée.

La branche du torrent qui a remonté la vallée du Rhon s'est arrêtée dans le milieu de la vallée de la Suisse; on en trouve la preuve dans l'absence de blocs erratiques sur le versant du Jura et dans l'absence de stries sur le versant des Alpes au delà de Berne. Ne pouvant plus avancer, les glaçons se sont accumulés pendant que leur extrémité supérieure était sur le versant des Alpes et que leur extrémité inférieure était sur le versant du Jura en descendant vers l'embouchure de la vallée.

Mode de translation des fragments de roches alpines. Le sol *s* autour de l'extrémité nord du glacier sur le versant du Jura a éprouvé une élévation de température T supérieure à celle T — α du sol autour de l'autre extrémité qui se trouvait à la hauteur où l'on voit les stries. La chaleur du sol *s* a produit chaque été la fusion d'une couche de glace ayant l'épaisseur *g*. En un nombre *n* d'étés, l'épaisseur de la couche de glace fondue est devenue *ng*, épaisseur telle que la masse M du glacier fut minée du côté nord, et réduite en équilibre rompu au point de faire ressentir l'action d'un affaissement de la masse M au sol *s'* sur lequel se trouvait dans le principe l'extrémité nord du glacier.

Cet affaissement de la masse M — *m* amena un éloignement de cette masse du côté du versant alpin; le glacier situé dans la vallée décrivit un arc *a* de longueur égale à la couche de glace fondue *ng*. En considérant le fond de la vallée comme axe du glacier affaissé, on voit que c'est autour de cet axe que la masse a décrit tous les *n* ans un arc *a*. Un nombre **n** de ces arcs est égal à l'angle Γ formé au fond de la vallée par ses deux versants, et l'on a Γ=**n***a*.

A la fin de la fusion de la masse M de glace, tous les fragments détachés des roches alpines et déposés à l'extrémité sud du glacier se sont trouvés transportés sur le versant du Jura pour être dans le même ordre et vers le fond de la vallée avoir la même inclinaison qu'à la fin du Déluge. A cette époque *e*, les fragments des roches alpines étaient attachés à ces roches dans leur lieu de naissance. Au bout d'un laps de temps T, ces fragments se sont trouvés posés comme avec la main sur les pentes calcaires du Jura, pentes qui ont été formées avant le Déluge.

L'absence d'alluvion de tous les côtés autour des blocs posés sur la pente du Jura provient de ce qu'en descendant l'eau des pluies enlève cette alluvion et est troublée par elle quand elle arrive au fond de la vallée.

Différence entre les fragments de roches isolés ou accumulés. On nomme *blocs erratiques* les fragments de roches isolés; ces blocs ne diffèrent des fragments accumulés qu'en ce que le nombre de ces derniers est grand et qu'ils se trouvent, du côté du versant des Alpes, posés vers le bas des vallées dont l'extrémité supérieure est frottée et striée, sans cependant que les fragments qui composent les monticules soient composés des mêmes éléments que les roches de ces vallées.

Les fragments des monticules n'étant pas sur les cailloux roulés et striés avaient occupé la place avant l'arrivée des glaçons, qui ont exercé les stries sur ces cailloux, et qui les ont recouverts d'alluvions sableuses et argileuses. Les fragments composant ces monticules ont été détachés par le vent aux roches du versant sud des Alpes; ils se sont rapprochés, en passant les cimes les moins élevées, ils ont pu vaincre la poussée du vent affaiblie vers le fond de la vallée au nord de ces cimes. C'est donc d'après la loi de l'Aérostatique que les fragments composant les monticules ont été transportés et accumulés.

IV. EXPOSITION DES ACTIONS DÉDUITES DE LEURS EFFETS ET DE LEUR FORCE.

§ 252. Jusqu'ici les géologues ont considéré toute dislocation de corps comme l'effet d'une action ayant pour cause une poussée d'eau ou une poussée de vapeur. On n'a envisagé les nombreuses dislocations des corps dues aux glaciers que comme un effet des glaçons charriés par des torrents; quant à la généralité des dislocations des corps par deux vents divergents, personne n'en a parlé. Après avoir reconnu une généralité de dislocation des sables marneux et des conglomérats et de leur accumulation au pied occidental de la chaîne de l'Oural, les géologues modernes en ont tiré un système auquel ils ont donné le nom de *permien*, par la seule raison que dans le gouvernement de Perme les couches des sables marneux acquièrent une très-grande importance.

En s'appuyant sur un semblable raisonnement, les géologues Murchison, Verneuil et Keyserling ne purent jamais arriver à reconnaître l'effet d'un vent violent dirigé vers l'embouchure de la Lena, vent qui y a chassé des millions de gros animaux et les y a abandonnés en se dirigeant vers l'espace céleste.

Schistes à empreintes végétales. J'ai déjà parlé de l'empreinte que les feuilles des arbres déracinés laissent sur les schistes. Ces sortes d'empreintes des feuilles se rencontrent assez fréquemment pour que je croie devoir en faire connaître la généralité. Au lieu d'attribuer ce rapprochement des feuilles des arbres et des fragments des roches schisteuses à une poussée d'air convergente, les géologues précités ont classé les schistes dans le système permien.

A l'extrémité nord du Thurigerwald, autour d'Eisenach, Murchison trouva un amas de minerais disloqués ; il sonda dans ce lieu jusqu'à une profondeur de 800 mètres, et en négligeant les détails qui dissimulent la séparation des espèces de minerais dans la ligne de sondage trouvées par ce géologue, on a tiré de son travail l'abrégé suivant, en commençant de haut en bas :

1° Calcaire fétide seul ou avec des gypses (stinkstein) ;

2° Calcaire magnésien (zechstein) ;

3° Schistes cuivreux avec poissons fossiles (kupferschifer) ;

4° Conglomérats de granite à fragments anguleux, lits d'argile sableuse, rouge foncé.

A l'est et à l'ouest, un conglomérat gris, se liant à l'assise sous-jacente par une terre verte cuivreuse ; on voit quelques calcaires avec des fossiles de zechstein aux environs de Gera ;

5° Grès rouge foncé ;

6° Conglomérats quartzeux avec fragments anguleux de

quartz dans une pâte rouge, des fragments de micaschistes de roches schisteuses, de porphyre ancien, etc.;

7° Roche rouge, partie supérieure de grès rouge.

Dans ce système permien, les géologues ont reconnu l'effet de perturbations énergiques ayant donné lieu à de brusques changements dans les relations stratigraphiques. Mais il n'en fut pas de même dans la suite: l'ancien état de choses fut interrompu.

Je rapporte ici à titre d'exemple cette grande découverte des faits indiquant une perturbation énergique afin de mettre en évidence la nature de cette perturbation qui semble devoir détruire les relations stratigraphiques. Le détachement général des fragments de chaque espèce de roche et leur accumulation représentent la généralité de l'action qui a produit les faits composant le système permien.

Si au lieu de se borner aux faits de l'action exercés sur les minerais seuls, on y joignait les faits produits par la même action exercée contre les gros animaux enlevés à leur pâturage, on parviendrait à découvrir la nature de cette action, et l'on trouverait qu'elle est due à un courant d'air très-violent dirigé vers l'embouchure de la Lena. Ce courant d'air a transporté : 1° les fragments des roches du versant sud des montagnes dans leur versant nord; 2° les quadrupèdes de leur pâturage avec les fragments de roches dans les cavernes ayant leur ouverture contre la direction du vent; 3° les fragments des roches schisteuses et les feuilles arrachées aux plantes pour les y attacher et les y imprimer; 4° les fragments des roches schisteuses avec le sable et l'argile au pied du versant occidental du mont Oural; 5° les gros animaux des continents pour les abandonner dans la région de l'embouchure de la Lena.

Je savais déjà que le Déluge a eu pour cause physique la séparation des deux colonnes d'air. Il résulte de cette séparation une action dont les effets ne se bornent pas aux minerais ou aux corps organisés séparément, mais se font sentir à chaque espèce de corps. Guidé par cette idée, j'ai cherché dans les ouvrages des géologues s'ils avaient remarqué quelque part des dislocations de corps correspondant à un courant d'air, et j'ai trouvé qu'ils en avaient consigné un nombre considérable. Je donnerai plus bas la série des faits produits par le vent sur les monuments et les villes de l'Asie et de l'Égypte.

Différence entre les effets du vent et ceux des glaçons. Il n'y avait pas de glaçons sur les torrents dans les latitudes inférieures, parce que la température des eaux n'est descendue à zéro qu'à la latitude nord de 39 degrés de la Pensylvanie, et à la même latitude sud, dans les îles Chonos, puis dans la partie de l'île *Chiloé* qui fait face au continent.

Les faits produits par le vent se manifestent depuis la région du tropique nord sur tous les continents jusqu'à l'embouchure de la Lena; tous ces faits démontrent qu'ils ont été causés par une poussée d'air violent. La dislocation des corps produite par cette poussée opère en quelque sorte un rapprochement entre les corps enlevés de leur place où ils étaient éloignés les uns des autres. Dans la vallée de la rivière Tcherna des Carpathes près des bains d'Hercule et dans la vallée qui est un affluent de l'Izvor de Cotyle dans le Balkan, on voit de gros fragments de roches accumulés en grand nombre indiquant l'effet d'un vent violent; les cavernes fréquentes qui s'y trouvent n'ont pas encore été exploitées.

Le gros bloc erratique situé à une dizaine de lieues au sud de la chaîne des Carpathes est différent de ces fragments rapprochés; il perche isolé au-dessus du village Podou-Grossoulki en Dacie, sur le sommet du versant gauche de la vallée qui descend dans le Danube. De loin ce bloc a l'apparence d'une maison.

DEUXIÈME SUBDIVISION

TROIS ZONES DE LA TERRE HABITÉES PAR LE GENRE HUMAIN PENDANT SES TROIS AGES.

§ 253. Avant le soulèvement des montagnes, la surface unie de la Terre formait deux hémisphères ou deux calottes séparées par une mer équatoriale qui arrosait les bords parallèles de ces calottes; ces bords produisaient des plantes et étaient peuplés de quadrumanes, de reptiles et d'invertébrés, mais il n'y avait ni hommes ni oiseaux. C'est donc dans cet état que se trouve actuellement la planète Jupiter; les bandes parallèles à l'équateur sont des flores qui changent avec les saisons.

Le soulèvement de l'Himalaya, avant celui de ses embranchements jusqu'à la mer équatoriale, a occasionné la formation des oiseaux.

Le soulèvement de l'embranchement formant la presqu'île Malacca a occasionné la formation du couple humain primitif, bipède et bimane, car il a été le seul qui ait été produit par l'unique plante dont une moitié des racines touche le fond de la mer et l'autre moitié est sur le continent.

§ 254. I. Depuis l'époque *e* où a été formé le couple humain primitif, jusqu'à l'époque *e'* où ont apparu les pluies occasionnées par l'altitude de l'Himalaya, il n'y avait d'habitable sur la Terre que les deux bords des deux calottes de la zone équatoriale. Cette zone a donc été peuplée par les descendants du couple humain primitif formé à l'état alogue. Les descendants de ce couple, après s'être beaucoup multipliés, ont occupé les terrains, puis ont formé des groupes dont chacun s'est créé un langage propre. Sous ce rapport, la zone équatoriale est le berceau où le genre humain a pris naissance, et il y est resté jusqu'à ce que, s'étant formé un langage, il puisse passer de l'état alogue, que l'on peut considérer comme son enfance, à l'état logique, que l'on doit regarder comme l'âge de puberté.

§ 255. II. Depuis l'époque e' où ont apparu les pluies jusqu'à l'époque e'' du Déluge, il n'y avait d'habitables pour le genre humain que les parties des continents des latitudes inférieures dans lesquelles l'homme pouvait supporter la pression barométrique des colonnes d'air. Les pluies ont fait éprouver à la surface des continents de grands changements géologiques. Les descendants des peuplades échappées aux inondations n'ont pu se multiplier à cause de la faible étendue du sol et du manque de nourriture parce que l'agriculture était inconnue. Il n'y a eu que cinq peuplades dont les descendants se sont répandus sur de vastes étendues de terrains et ont conservé leur langage; de sorte que chacune de ces peuplades est devenue une grande nation composée d'individus homoglottes.

L'agriculture a été découverte séparément par les descendants de chacune de ces cinq peuplades.

Le pouvoir humain était trop borné pour obtenir de belles récoltes; on eut recours aux prières et aux larmes, à l'exemple des enfants qui veulent obtenir leur nourriture de leurs parents. On a considéré les changements d'atmosphère comme le fait d'individus semblables à l'homme, mais dont le pouvoir était bien supérieur. On a adressé des prières à ces êtres que l'on regardait comme des bienfaiteurs; mais ceux-ci exauçaient de préférence les prières de certains personnages qu'on avait choisis particulièrement pour prier. Ces derniers vécurent des offrandes que leur firent les cultivateurs après la récolte. Telle a été l'origine de la caste sacerdotale, et c'est aussi à cette époque qu'est née l'idée que l'homme ne périssait pas tout entier, comme on peut le voir dans les figures qui représentaient les célestes bienfaiteurs, car ils l'étaient lorsqu'ils vivaient sur la Terre.

Cette idée que l'homme se survivait à lui-même fit augmenter le pouvoir des prêtres, toutes les communautés obtinrent un gouvernement hiérocratique. On se contenta d'abord d'enclore l'endroit où l'on apportait les offrandes et où les prêtres prononçaient leurs prières et distribuaient leurs bénédictions. Plus tard, en embellissant graduellement ces enclos, on en vint à ériger des temples qui, pour le luxe et les détails, surpassent les églises Sainte-Sophie de Constantinople, et Saint-Pierre de Rome.

En Asie et en Afrique, les premiers descendants des peuplades restèrent dans la zone équatoriale et dans la zone torride; mais les descendants postérieurs furent forcés de dépasser cette limite, et ils se sont acclimatés à des latitudes qui, dans les montagnes, arrivent jusqu'à 35 degrés. L'homme ne pouvait pas supporter la pression barométrique dans la latitude de l'Europe, il n'y pouvait vivre qu'un petit nombre d'années. Il pouvait bien y arriver, mais il y périssait sans laisser de descendants.

L'homme a passé de l'état logique à l'état agricole d'abord, puis à une vie sociale hiérocratique en acquérant l'idée d'une existence immatérielle. Cet état du genre humain est considéré comme son âge de maturité, âge qui a été atteint avant l'époque *e''* du Déluge.

Ce progrès s'est effectué parmi les descendants des cinq peuplades qui se sont multipliées à Siam, dans l'Hindoustan, dans la vallée du Nil, au Pérou et au Mexique. Ces descendants ont formé cinq grandes nations composées d'individus homoglottes, tandis que la majorité des autres peuplades n'ont acquis que des terrains d'une faible étendue. Elles n'ont pu se multiplier pour parvenir à la découverte de l'agriculture; elles ont continué à faire usage de nourriture naturelle végétale et animale. Ainsi, avant le Déluge, la Terre était peuplée par cinq grandes nations et des centaines de peuplades sauvages dont les descendants existent encore.

§ 256. III. Après la séparation des deux colonnes d'air qui a été la cause du Déluge, les zones tempérées sont devenues habitables pour l'homme. Les habitants actuels du monde ancien sont les descendants de ceux qui ont vécu dans les versants élevés des montagnes et des vallées de la zone torride, parce que, 1° ceux qui ont vécu en dehors de la zone torride ont été détruits par le vent, par le froid et par les torrents d'eau, et 2° ceux qui habitaient les plaines et les altitudes inférieures de la zone torride ont été entraînés par les torrents cataclystiques.

Le vent qui charriait des masses de sable les projeta à la surface des temples et des villes restées désertes. J'ai déjà mentionné les autres effets du vent; tous les animaux des zones tempérées et des zones glaciales périrent, il ne survécut que les hommes et les animaux habitant les versants élevés de la zone torride. Le Déluge a eu lieu 6000 ou 4000 ans avant Jésus-Christ; il a donc fallu 3000 ans pour que l'Asie Mineure et la Grèce arrivassent à l'état décrit par Homère, et 3600 ans pour que l'Égypte et l'Asie orientale parvinssent à l'état décrit par Hérodote et consigné dans la Bible.

Le genre humain est entré dans la période de vieillesse; cet âge est pour l'homme celui de la sagesse. C'est à cette époque que cessent chez lui les actes de reproduction, actes qui lui sont communs avec les animaux, et il ne remplit plus que l'acte de l'alimentation animale. L'homme vit donc dans cet état autant qu'il a vécu jusqu'alors. Les animaux alogues n'ont pas d'âge de sagesse; dès qu'ils sont inaptes à la reproduction ils arrivent à la vieillesse, qui est de courte durée.

Les individus qui se sont trouvés dans la zone torride faisaient partie de toutes les peuplades sauvages ou civilisées qui avaient construit des temples et qui vivaient dans les villes dévastées par le vent et par l'eau. Cependant ce ne furent pas les descendants des peuplades homoglottes restées dans la zone torride qui quittèrent les montagnes pour aller chercher et fouiller les villes et les temples enfouis dans une épaisse couche de sable, mais bien les descendants de chaque peuplade limitrophe. L'intervalle entre le Déluge et la découverte des cités dévastées dans l'Asie a été moins long que celui qui s'écoula jusqu'à la découverte des villes et des temples de l'Égypte.

Ceux qui arrivèrent dans les villes dévastées de l'Asie étaient homoglottes avec les habitants de ces villes enfouies dans le sable ; il y en avait même quelques-uns qui avaient entendu parler de l'existence de grandes cités avant le Déluge.

Il n'en a pas été de même des nouveaux habitants de la vallée du Nil depuis le Tropique jusqu'à la nouvelle embouchure de ce fleuve. Du côté du Tropique, les peuplades se sont propagées dans la vallée du Nil, et en même temps plusieurs petites peuplades limitrophes en sortant de la zone torride ont dévié vers les parties de la vallée du Nil qui n'avaient pas encore été occupées. La Basse-Égypte a été occupée par des habitants dont les ancêtres habitaient la Nubie, mais ils y sont arrivés par la mer Rouge et non par la vallée du Nil.

Les nouveaux habitants ont établi le gouvernement hiérocratique, ils ont trouvé les villes inhabitables, ils n'ont pas fait construire des temples par des artistes nouveaux ; de sorte qu'il y a une époque qui indique le moment où les beaux-arts sont arrivés à leur apogée. Cet état est représenté par l'architecture de Thèbes et par celle de ses temples.

A cette époque on constate le progrès graduel des beaux-arts en descendant la vallée du Nil, tandis qu'après le Déluge l'Égypte n'a été habitée que par des émigrés qui descendirent la vallée du Nil et par d'autres qui y arrivèrent de l'Abyssinie par la mer Rouge.

Les Grecs ont fait des progrès dans les beaux-arts en

s'occupant peu de l'industrie; ils ont fait des progrès dans l'agriculture, car ils distribuaient les terrains d'après leur position climatologique, comme le font les cultivateurs actuels, sans se préoccuper des théories et des conseils des chimistes, qui voudraient que les terrains cultivés fussent distribués d'après leur composition géologique.

Depuis le commencement de notre siècle, l'industrie a fait d'immenses progrès grâce à l'augmentation de la force motrice; ainsi l'homme s'est rendu propre à se procurer directement sa nourriture sans l'intervention des gens occupés à prier. C'est dans cet état que vivait l'homme dans la zone équatoriale pendant son âge d'enfance et de puberté.

L'hiérocratie n'a été abolie en Égypte que depuis qu'on a été convaincu que l'élévation du Nil dépend de causes physiques contre lesquelles les prières seraient impuissantes. Les offrandes consommées par les prêtres et par les artistes qui construisaient les temples ont été reversées sur les chefs des armées qui défendaient le pays, puis sur les chefs des armées qui l'avaient subjugué. Il ne resta qu'une faible partie de ces offrandes pour payer les prêtres afin qu'ils priassent pour que l'âme de l'homme reposât en paix après sa mort.

On a trouvé que la durée de l'âge de maturité du genre humain avait été de 60,000 ans; celle de son âge de vieillesse ne sera pas inférieure. Depuis 6000 ans l'hiérocratie s'est affaiblie et a été remplacée partout par le gouvernement monarchique; ce gouvernement a remplacé aussi les républiques anciennes. Chaque espèce de gouvernement a pour but d'assurer la subsistance des habitants.

Dans le principe, on a considéré les conquérants comme des gens qui faisaient augmenter les ressources alimentaires des peuples. Pendant leur vie, ces héros ont été adorés; après leur mort, leurs partisans ont fait leur apothéose en se réservant le privilége d'être toujours leurs favoris.

Tous les restes de l'hiérocratie s'évanouissent, car les

offrandes diminuent. Avant le Déluge, les nations civilisées sont restées dans l'état hiérocratique sans qu'il apparaisse aucune trace de république ou de monarchie; après le Déluge, ces gouvernements n'ont pas fait disparaître l'hiérocratie. L'idée seule de l'immortalité de l'âme maintient encore le crédit du clergé et lui procure des offrandes.

Les individus qui composent les nombreuses peuplades sauvages qui parlent chacune un langage différent sont en petite quantité. Il n'y a chez ces individus aucune idée de culte, pas plus qu'il n'y en avait chez les ancêtres des cinq grandes nations. Cette idée ne s'est introduite chez ces nations que par la voie de l'agriculture et d'une manière très-matérielle.

§ 257. **Différences entre les cultes.** Avant le Déluge, sous les gouvernements hiérarchiques, il y avait des divinités différentes sans que les religions différassent. En Égypte, il y avait une *trinité* composée d'Osiris, d'Isis et de l'ἱεραξ. Après le Déluge, cette trinité fut composée de Jupiter, de Junon et de l'Aigle.

Après le Déluge, on a donné dans la Genèse un exposé de la Cosmogonie sous la forme historique, sans preuves basées sur la loi de la Physique. L'idolâtrie est un culte qui a eu une généralité, il se rencontrait même chez les Hébreux; d'où l'on voit que ce culte était en usage déjà avant le Déluge. Le *monothéisme triadique* a succédé au polythéisme, et enfin le *monothéisme absolu* s'est répandu.

Origine du monothéisme triadique. 1° Osiris, Isis avec l'ἱεραξ (ἱερός, sacré; ἀκή, pointe); 2° Jupiter, Junon avec l'Aigle; 3° le Père, le Fils avec la Colombe, sont représentants de l'infini à l'état d'*électre dense*, d'*électre moins dense* et de *mouvement emmagasiné*. L'unité représentée dans l'état primitif des molécules équilibrées correspond au *monothéisme absolu* inactif qui diffère du monothéisme pantodynamique de l'Écriture qui est toujours en activité.

§ 258. **Origine des sciences physiques et natu-**

relles et des sciences métaphysiques et morales. Avant le Déluge, les crues périodiques du Nil ont fait découvrir leur concordance avec les positions du Soleil dans différentes parties du Zodiaque. Ainsi on a trouvé pour la haute Égypte que le jour du solstice d'été est le jour où commence la crue du Nil. A cette époque, avant le Déluge, le solstice était au commencement du signe du Lion, ce qui prouve que le Zodiaque a déjà été subdivisé en douze parties ayant chacune 30 degrés. On voit par les monuments que la Mécanique avait fait de grands progrès en même temps que la densité des habitants était, dans la Nubie et la haute Égypte, des centaines et des milliers de fois plus grande que celle d'à présent et même que celle qui peut y exister depuis le Déluge.

Les Grecs ont appris que les faits cosmiques se produisent spontanément sans l'intervention d'aucune action. Ils avaient essayé d'abord d'arriver à cette connaissance au moyen des hypothèses logiques. Aristote a prouvé que de pareilles hypothèses n'aboutissent à rien ; il les a abandonnées et il a ouvert une nouvelle voie qui a été suivie jusqu'à présent par tous les physiciens et naturalistes.

Le nombre des faits découverts dans chaque branche des sciences s'est multiplié à tel point qu'il est devenu impossible de les renfermer dans l'intelligence humaine, et cependant on disait qu'on ne pouvait découvrir les lois physiques et naturelles à cause du trop petit nombre de faits découverts. Ainsi, pendant que les autres s'occupaient de la découverte des faits, je me suis borné à étudier les faits découverts, et je suis arrivé par cette voie à la même origine triadique reconnue spontanément par l'homme civilisé avant et après le Déluge.

Si le monothéisme absolu l'a emporté pour un court espace de temps sur le monothéisme triadique, c'est à cause de l'ignorance de ses défenseurs, car ils auraient dû considérer que l'infini correspondant à la divinité, est représenté par trois personnes différentes. Ils auraient dû apprendre à leurs adversaires que la Trinité ne se compose pas de trois individus égaux comme on la présente dès son apparition à Abraham (Genèse, chap. XVIII), mais qu'elle est composée de trois personnes, toutes indéfinies, mais différentes.

Le grand ouvrage entrepris par Aristote et suivi par les observateurs et les expérimentateurs de tous les siècles a été accompli par la découverte de l'origine commune de l'univers, origine ayant pour cause une action suprême qui *a divisé le fluide indéfini équilibré dans l'espace indéfini. Cette action a fait parcourir aux molécules des deux masses inégales* M *et* M + M' *l'espace indéfini pour s'accumuler en deux points égaux pour être en densités inégales* (§§ 8 et 9).

Le genre humain se trouve au commencement de son âge de vieillesse qui est chez l'homme l'âge de la sagesse. A l'avenir, il n'y aura plus d'hypothèses logiques et de controverses; aucun fait ne sera exposé de diverses manières. C'est ainsi que paraîtra la différence : 1° entre l'état du genre humain arrivé à son âge de puberté quand il devint logique après avoir été alogue pendant son enfance; 2° entre l'état où il se trouva à son âge de maturité après avoir adopté un culte; 3° entre l'état où il est dans sa vieillesse quand il est parvenu à trouver dans l'unique action suprême la seule origine de l'Univers qui est en même temps une *Trinité*.

§ 259. **Fin du genre humain.** Les éléments électriques des rayons solaires, en se combinant avec les éléments matériels de l'eau, les transforment d'abord en substances végétales, puis ils transforment ces substances en substances minérales, dont l'état devient inaltérable. Il y a actuellement diminution de l'eau et production des minerais composant l'alluvion, comme il y en a eu jusqu'à présent et comme il y en aura toujours à l'avenir. Connaissant la quantité totale de l'eau sur la Terre et le débit séculaire des forêts qui a une épaisseur de 15 millimètres, sachant que ce débit a un poids spécifique de 2,5, on trouve que les continents transforment en minerais par siècle une couche d'eau de 40 millimètres. Cette couche d'eau est enlevée à la profondeur des mers, dont la superficie est trois fois plus grande que celle des continents. Ainsi l'on voit que la diminution séculaire de la profondeur des mers est de 14 millimètres. Il y a exhaussement du fond des mers qui fait augmenter l'étendue des continents, étendue qui accélère la diminution de l'eau.

Au bout de quelques dizaines de siècles on s'apercevra que l'étendue des continents est trop restreinte pour subvenir aux besoins d'habitants dont, à cette époque, le nombre sera devenu double et même triple de ce qu'il est aujourd'hui. La famine diminuera ce nombre; l'agriculture, à la vérité, fera des progrès, cependant il ne sera pas possible d'augmenter les ressources alimentaires proportionnellement à l'accroissement et à la densité des habitants.

Les peuplades sauvages qui ne connaissent pas l'agriculture disparaîtront, car tous les pays seront envahis par des cultivateurs. Les anthropophages ne seront plus remplacés par d'autres anthropophages, car il n'y a pas d'exemples que dans les famines les plus désastreuses on ait eu recours à la chair humaine pour se nourrir; on n'a usé de ce moyen que pendant quelques siéges de ville ou à la suite d'accidents de navigation, à défaut d'autre ressource.

Le genre humain, devenu sage dans sa vieillesse, agira comme les cultivateurs qui ne conservent que la quantité de bétail à la nourriture de laquelle les produits de leur ferme peuvent suffire. L'ignorance a toujours été la source du mal; c'est pourquoi, dès le principe, l'homme a toujours tendu vers la découverte de la vérité, laquelle amène l'accord et la prospérité de la vie sociale.

Tant qu'il y aura de l'eau sur la Terre, il y aura des habitants; la diminution de l'eau est trop minime pour avoir la moindre influence sur les habitants qui sont certains de n'en pas manquer jusqu'à la fin de leurs jours. Toutefois il arrivera infailliblement une époque où disparaîtra le dernier couple humain qui sera le dernier descendant du couple primitif.

Durée totale du genre humain sur la Terre. Au moyen de l'épaisseur des dépôts dans les deltas du Missisipi, du Gange, du Pô, on trouve un espace de temps τ' de 60,000 ans depuis le commencement des pluies; 6000 ans se sont écoulés depuis le Déluge : ainsi on trouve que le genre humain a passé de l'âge de puberté à l'âge mûr en un espace de temps de 54,000 ans. 1° La durée τ depuis la formation du couple primitif jusqu'à l'apparition des pluies, et 2° celle τ'' depuis le Déluge jusqu'à la disparition de l'eau ne peuvent pas être déterminées directement comme on l'a fait pour la durée τ'.

Quoique la somme $\tau + \tau' + \tau''$ de la durée totale du genre humain soit de quelques centaines de mille ans, elle est insignifiante eu égard au laps de temps T écoulé depuis l'époque où les neuf jets de masse empyrée ont été expulsés par le Soleil; l'un de ces jets a composé la Terre. Ce laps de temps T est un grand nombre de millions de fois plus grand que la somme $\tau + \tau' + \tau''$ indiquant la durée du genre humain sur la Terre. Ce résultat nous fait voir qu'il n'existe pas d'hommes en même temps sur deux planètes.

§ 260. **Progrès du genre humain à chacun de ses trois âges.** Parmi les habitants actuels de la Terre, les sauvages ne connaissent aucun culte; parmi les agriculteurs, les uns ont un gouvernement hiérarchique, d'autres un gouvernement monarchique ou républicain. Les habitants civilisés de la Terre ont travaillé à la découverte de la loi de la Physique d'après laquelle se produisent les faits cosmiques sans l'intervention d'aucune action extérieure subordonnée aux prières des prêtres.

Malgré ce principe, avant que l'on connût le mode de production des faits en vertu d'une loi invariable, les physiciens n'employaient que des hypothèses logiques pour expliquer les faits observés, hypothèses qui correspondaient aux dogmes des prêtres. Ainsi les controverses entre les physiciens et les théologiens ont cessé du moment qu'on a reconnu que les dogmes concordent avec les hypothèses, c'est-à-dire quand on a eu la preuve que les physiciens n'avaient fait aucun progrès malgré le nombre prodigieux de faits découverts; ils signalaient ce nombre de faits comme un indice de progrès, et le mérite de chaque physicien était évalué d'après le nombre et l'importance industrielle des faits qu'il avait découverts.

C'est dans ce livre que pour la première fois il est fait mention de la marche du genre humain qui, depuis le Déluge, se trouve déjà dans l'âge de la vieillesse; c'est ici qu'a été découverte l'action suprême qui a été un dogme chez les théologiens et qui était complétement inconnue des habitants de la zone équatoriale et de leurs descendants, lesquels sont les peuplades sauvages dont celles qui habitent l'hémisphère sud sont anthropophages.

§ 261. **Origine des dogmes de la Trinité.** Ce qui paraîtra le plus étrange aux physiciens, c'est que les dogmes, qui semblaient n'avoir qu'une faible probabilité en comparaison des hypothèses, c'est que ces dogmes, dis-je, sont reconnus avoir des origines réelles, tandis que toutes les hypothèses logiques s'évanouissent sans qu'aucun objet cosmique vienne leur donner raison.

Je n'aurais pas pu coordonner les nombreux faits consignés dans cet ouvrage si la loi d'après laquelle les faits connus se sont produits n'eût été découverte. Dans les grands musées, les visiteurs peuvent voir :

Osiris, Isis et ἱέραξ;

Jupiter, Junon et l'Aigle (ἀετός, renversé τεά=θεά, déesse);

Père, Fils, Colombe = ὄλυμπος (*oloub* = *boulo* voile).

Jusqu'à présent les physiciens n'ont eu aucun égard au dogme d'une *trinité*, encore moins se sont-ils occupés de l'étymologie des mots ἱέροξ, αέτος Colombe, en slave *oloub* = ὄλυμπος Le mot *oloub* renversé fait *boulo* = *voile*, indiquant les nuages couvrant les sommets des montagnes. C'est pourquoi le mot ὄλυμπος, n'est pas un nom propre, mais un nom substantif, car c'est sous ce nom qu'on désigne plusieurs montagnes de l'Asie Mineure, de la Thessalie et du Péloponèse.

Il m'eût été impossible de pénétrer dans ces détails de symboles religieux si je n'avais d'abord découvert l'état dans lequel se trouvaient les molécules du fluide primitif après avoir éprouvé l'action exercée sur elles, pour qu'elles fussent divisées en deux masses inégales M et M + M', inégalement comprimées pour être contenues dans deux espaces égaux et être réduites en densités inégales (§ 8).

Les ondes O, composées de molécules μ d'électre dense étant venues en contact avec les ondes O' de molécules μ' d'électre moins dense, il y a une rupture d'équilibre; c'est une partie de l'électre dense qui est sollicitée à pénétrer dans l'espace occupé par les molécules μ' d'électre moins dense. C'est dans cette rupture d'équilibre que consiste, dans la physique et la chimie, ce qu'on doit entendre par le mot *affinité*.

C'est cette affinité qu'on a indiquée : 1° sous la forme d'amour conjugal entre Osiris et Isis avant le Déluge, entre Jupiter et Junon après le Déluge, et 2° sous la forme d'amour paternel entre le Père et le Fils. Dans les trois cas le vol de l'oiseau est le symbole du mouvement indéfini emmagasiné dans toutes les molécules de l'électre.

§ 262. **Origine du genre humain démontrée par des dogmes.** Les deux individus formant le couple primitif sont les seuls qui aient pris naissance d'une manière différente de leurs descendants. Jusqu'à présent personne n'a parlé du mode naturel dont a été produit le couple humain primitif. Cependant dès le principe la conception du Fils a été attribuée à une influence céleste. Quant à la conception de Marie, on a douté longtemps; enfin les chefs de l'Église catholique ont adopté le dogme de l'Immaculée Conception. Parmi les catholiques religieux, il y en a beaucoup qui s'occupent de sciences physiques et qui jusqu'à présent ont improuvé cette décision de l'Église. Lorsque ces détracteurs liront cet ouvrage, ils seront surpris de voir que ce dogme, qui leur paraît erroné, est un symbole du mode de formation du couple primitif du genre humain.

§ 263. **Origine des vertébrés démontrée par des dogmes.** Les naturalistes n'ignoraient pas que les invertébrés ont été produits avant les vertébrés, et bien qu'ils n'admissent l'intervention d'aucune action extérieure, ils n'étaient pas parvenus à comprendre que c'est la lumière qui a formé les yeux, la chaleur qui a formé les nerfs sous l'épiderme, l'électricité négative qui a formé l'organe de l'odorat et l'électricité positive qui a formé l'organe du goût. Chez les invertébrés, l'organe de l'ouïe manque, parce qu'il n'y avait pas d'ondes sonores pendant leur formation; ces ondes n'apparurent qu'après la formation des scarabées. C'est donc immédiatement après les scarabées κάνθαρος (1) qu'ont été formés les poissons, les reptiles et les quadrumanes, puis les oiseaux et l'homme.

Avant le Déluge, les scarabées étaient en vénération chez les Égyptiens sans que personne pût se rendre compte de cet usage singulier. Il est évident, d'une part, que ce n'est pas cette vénération des scarabées qui m'a guidé dans la découverte de la cause physique de la formation des vertébrés après les insectes; d'autre part, il est évident aussi que ce n'est pas au hasard qu'est due la concordance entre cette vénération des scarabées et la production des ondes sonores par leur appareil de translation. (Voir *Physique*, livre V.)

---

(1) Le mot *Kanthar*, lu de droite à gauche, signifie *je donnai des coups de pieds*.

§ 264. **Origine de l'usage des pyramides.** Il y a dans la basse Égypte des pyramides qui ont été construites après celles qu'on trouve dans la haute Égypte, toutes sont antérieures au Déluge. L'absence de pyramides dans la Nubie prouve que cet usage ne remonte pas à une très-haute antiquité. Si les dynastes avaient pour but, en érigeant des pyramides, de rendre leur nom immortel, ce but ne pouvait être atteint pendant la hiérarchie, avant le Déluge. C'est ainsi que je suis parvenu à distinguer les pyramides antérieures aux dynasties de la haute Égypte des pyramides du temps des dynasties de la basse Égypte. Les premières avaient une enveloppe en granite poli, enveloppe qui a été considérée plus tard comme superflue. Les pyramides de la basse Égypte ont été construites de manière à ne pas présenter une surface unie, encore moins une surface polie ; il y a des escaliers à leur surface.

Une pyramide de granite ou de grès acquiert, de même que le sol, pendant le jour une température de 75 degrés. Après le coucher du Soleil, l'excédant d'électricité négative de la surface polie éprouve le minimum de résistance au sommet de la pyramide d'où est sollicité l'abaissement de l'électricité positive. Ainsi, il s'y produit une rencontre des deux électricités qui ne diffère pas de celle qui s'opère entre les deux pôles d'où résulte l'arc voltaïque. Le soir, après le coucher du Soleil, en été, on voyait une flamme au sommet de ces corps ; les corps ayant cette forme ont été doués d'un nom indiquant cette propriété mystérieuse ; on les a nommés πυραμίς (πῦρ, feu, ἅυειν, toucher), ou corps de forme qui touche le feu à son sommet.

Ce nom est resté conservé pour désigner la forme sans avoir égard à la signification de sa dérivation. Quand même les hellénistes auraient indiqué cette dérivation, les naturalistes et les archéologues seraient incapables d'en tirer aucun parti, car il leur faudrait pour cela une connaissance qu'ils n'ont ni les uns ni les autres.

Il se trouvera peut-être un jour quelqu'un qui recommencera l'expérience pour réfuter cette explication des pyramides. Je me bornerai à cet égard à faire remarquer qu'après le Déluge on n'a pas manqué de vérifier ce fait très-singulier, et cependant on n'a pas réussi à y trouver une solution. J'ai trouvé dans cette différence une preuve directe de la grande pression barométrique (1) en Égypte avant le Déluge, pression qui n'avait pas lieu dans la haute Nubie. C'était donc cette pression barométrique en Égypte qui arrêtait la perte de l'électricité à la surface des pyramides et qui permettait son écoulement en grande densité par le seul sommet des pyramides où une flamme devenait visible.

L'ensemble de ces détails rapportés dans l'explication des pyramides servira à faire connaître aux lecteurs la nécessité de réunir l'ensemble des sciences en *une* seule qui embrasse toutes les sciences physiques et naturelles et toutes les sciences métaphysiques et morales.

Sphinx. Symbole de la résistance empêchant l'expansion des molécules indéfiniment comprimées; σφίγγειν = serrer n'indique pas une compression, mais seulement une résistance dénotant qu'il existe une tendance innée à augmenter de volume, tendance qui est la rupture d'équilibre ou la *force*, d'où provient l'*action* ou l'expansion des molécules qui est la *vie*.

(1) 1° Pour indiquer la Terre, les Égyptiens employaient un globe avec deux colonnes d'air dans les deux prolongements de son axe ; 2° pour indiquer les colonnes d'air dont la densité augmentait vers la Terre, ils employaient des lignes parallèles; 3° pour indiquer les deux faces des colonnes d'air, ils employaient deux séries de raies de chaque côté du globe.

Quand le scarabée est représenté avec une balle entre les pattes, on voit au-dessus la Terre avec ses deux colonnes d'air. L'extrémité inférieure de ces colonnes touche le globe, tandis qu'à l'extrémité supérieure le globe excède quelquefois perspectivement. On l'appelait le *globe-aile* avant que cette signification naturelle fût connue.

CHAPITRE PREMIER.

ÉTAT DE L'HOMME DEPUIS LA FORMATION DU COUPLE PRIMITIF JUSQU'A L'ÉPOQUE DE L'APPARITION DES PLUIES.

---

§ 265. Tous les vertébrés ont le même nombre d'organes des sens que l'homme ; ils se subdivisent en classes, ordres, familles, genres et espèces d'après leur appareil de translation. Il n'y a que dans l'unique appareil de translation de l'homme qu'on ne peut pas distinguer les espèces, car les races ne sont qu'un effet climatologique, tous les hommes qui vivent à la surface de la Terre sont les descendants d'un seul couple primitif, car il y a reproduction entre eux.

Les cinq organes des sens ont été produits par l'expansion des molécules μ de l'électre composant les atomes de cinq espèces de fluide.

1° L'expansion des atomes de lumière a produit les yeux.

2° L'expansion des atomes de chaleur a produit le tissu des nerfs sous l'épiderme.

3° L'expansion des molécules de l'électricité négative a produit l'organe de l'odorat.

4° L'expansion des molécules de l'électricité positive a produit l'organe du goût.

5° L'expansion du fluide *échogène* a produit l'organe de l'ouïe; les invertébrés sont dépourvus de cet organe, parce que pendant leur formation il n'y avait pas d'ondes sonores dans l'atmosphère. C'est après la formation des scarabées que ces ondes ont apparu, et les naturalistes ont trouvé que les scarabées sont les derniers parmi les invertébrés et que ce sont eux qui précèdent les vertébrés.

6° L'expansion des molécules du fluide *barogène* a produit les filets des muscles qui composent l'appareil de translation. Leur pesanteur est due au barogène β du corps, parce qu'il fait écran au barogène B affluent des deux électrosphères (§ 9).

§ 266. **Origine de la variété de l'appareil de translation.** Chaque nouvelle espèce de plantes a produit un nouveau couple animal, dont l'appareil de translation a été déterminé par l'écran fait par le barogène β de la plante génératrice, à l'expansion du barogène B affluant de l'espace (§ 9).

L'air produit dans la zone torride par l'eau et par les atomes de chaleur s'est accumulé dans les régions polaires; il y a fait, 1° augmenter la pression barométrique, et 2° élever la température. Ce furent ces deux actions qui donnèrent naissance à de nouvelles espèces de plantes en rapport avec la pression barométrique locale et la température. Ainsi, l'on voit que les espèces de plantes dépendaient de la variation continuelle de la pression barométrique et de la température, variation graduelle à laquelle correspondent : 1° les espèces qui composent les genres, 2° les genres qui composent les familles, etc.

§ 267. **Origine de l'unique plante génératrice du couple humain.** L'appareil de translation de l'homme nous montre que l'unique plante génératrice du premier couple humain a eu ses racines partie au fond de la mer et partie sur le sol. L'homme fut doué de deux pieds avec lesquels il put marcher sur le sol, il reçut deux mains pour saisir les plantes; les mains et les pieds plats mettent l'homme en état de nager et d'arriver aux plantes qui avoisinent la mer. Ainsi, à l'aide de la loi physique, on a trouvé que le couple humain primitif a été formé au bord de la mer équatoriale, où il y avait une partie de continent provenant d'une montagne soulevée depuis peu parce qu'elle n'existait pas d'abord.

La très-grande hauteur de l'Hymalaya et sa masse énorme nous font voir que cette montagne s'est élevée avant les Andes, et que par suite la plante unique s'est formée au point culminant de la côte semi-circulaire de la chaîne composant la presqu'île Malacca. C'est par oubli que plus haut j'ai attribué la plante génératrice du genre humain au versant occidental des Andes.

Depuis le soulèvement de l'Himalaya et la formation du couple primitif du genre humain, il s'est écoulé un espace de temps τ.

Depuis le commencement de la reproduction jusqu'à l'occupation de la superficie habitable des deux bords de la mer équatoriale par ses descendants, il s'est écoulé le temps τ'.

Depuis l'établissement de la vie de famille jusqu'à l'apparition des pluies, il s'est écoulé l'espace de temps τ''.

Dans chacun de ces trois espaces de temps, le genre humain a passé d'un état à l'autre d'après la loi de la Physique, sans rester à l'état stationnaire et sans qu'il s'établisse aucune périodicité. Tout en restant à l'état purement animal, l'homme, quand il a vécu en famille, est parvenu à employer certains cris comme représentant des objets. Il y a aussi parmi les animaux quelques espèces qui font usage de divers cris qui, pour eux, sont le signal d'un danger ou d'un autre état.

I. DE LA PRODUCTION DU COUPLE HUMAIN PRIMITIF APRÈS LES OISEAUX.

§ 268. Le soulèvement de l'Himalaya a commencé par sa partie centrale, puis il a continué par ses embranchements et la chaîne composant la presqu'île Malacca, ce qui a donné naissance à la plante génératrice du couple humain.

L'Himalaya avec son barogène b fait écran à une égale quantité de barogène B affluant de l'espace, et ne livre passage qu'à la différence $B - b$, de là résulte ce qu'on appelle l'*attraction des montagnes*.

Mode de production des oiseaux avant l'homme. Sur le bord boréal de la mer équatoriale, les plantes ont reçu du côté de l'Himalaya la poussée de barogène $B - b$, tandis que de tous les autres côtés cette poussée était B; de sorte qu'il y eut une rupture d'équilibre qui s'y dirigea des plantes de chaque distance d, $d + d'$, $d + d' + d''$, dont les carrés sont en rapport inverse avec les pressions. Ces nombreux degrés de pression ou de rupture d'équilibre entre les montagnes et les plantes ont produit des espèces, des genres et des familles très-nombreuses d'oiseaux possédant un appareil de translation correspondant aux distances d, $d + d'$, $d + d' + d''$... entre les plantes et les versants de la montagne. Ces distances invariables ont rendu invariable la poussée de barogène, et il en est résulté un type invariable pour chaque espèce d'oiseaux.

Germe. Dans la plante génératrice s'opère d'abord l'expansion de l'électre des six espèces de fluides, expansion qui va jusqu'à produire une coordination capable de faire éprouver à chaque fluide le minimum de résistance dans son expansion. C'est à cette coordination qu'est dû le germe de l'individu primitif, germe neutre et encore immatériel; mais les courants thermoélectriques des plantes, en éprouvant un minimum de résistance dans ce germe, commencent à y amener les éléments matériels, lesquels s'y coordonnent de la manière déjà déterminée par le germe immatériel qui s'y est formé comme je l'ai indiqué.

Animaux neutres auxiliaires. La quantité d'éléments matériels amenés par la plante dans le germe est trop minime pour la formation des membres qui y sont déterminés. Le ver à soie est un animal neutre auxiliaire qui transforme le chlorophylle en substance animale; cette substance est entraînée par les expansions des fluides du germe qui se coordonnent de la manière préétablie pour être toujours en rapport avec les expansions qui ne parviennent à l'état équilibré qu'en un espace de temps indéfini.

Un animal auxiliaire neutre est intervenu dans le développement des deux individus du couple primitif de chaque espèce de mammifères ; cet animal a rempli la fonction de l'utérus, fonction qui s'est établie depuis le commencement de la reproduction.

Le germe de la semence *s* des plantes ne possède qu'une minime partie matérielle, laquelle sert à former les premiers organes, la *racine* et la *tige*. L'eau et l'expansion des éléments électriques des rayons solaires servent à former la matière végétale, laquelle se combine avec l'expansion des fluides du germe et se termine avec une récolte composée d'un grand nombre de semences *s'* dont chacune contient l'expansion des fluides de la semence *s*.

Les germes des couples primitifs sont composés de six espèces de fluides ayant tous l'*électre* pour élément primitif, élément qui a une tendance à augmenter indéfiniment de volume par l'expansion, de sorte qu'il n'y a que la matière qui éprouve des changements et des déplacements, tandis que le type primitif du germe n'éprouve qu'une expansion.

Le genre humain, pris collectivement, n'est que le germe du couple primitif ; ce germe ne consiste que dans l'expansion indéfinie des six espèces de fluides. Tous les hommes qui ont vécu et ceux qui viendront au monde font partie de l'expansion des fluides du germe primitif. Cette assertion que les *âmes* existent avant l'homme se réduit donc à l'expansion indéfinie des fluides de ce germe primitif, expansion qui soutient la reproduction en même temps que la vie de l'homme et de l'animal.

A l'avenir, il ne faudra pas considérer le mot *âme* comme la cause de la vie ni comme résultat de la vie animale. L'homme vient au monde avec la propriété de vivre, de même que tous les animaux ; c'est au moyen des *cris* représentant des objets que l'homme acquiert un ensemble de représentants des objets cosmiques. Ces représentants ont une existence réelle, parce qu'ils ont pour éléments : 1° les espèces de fluides amenés par les objets aux organes des sens, et 2° l'electricité qui parcourt les nerfs des organes des sens.

Pour être doué d'une *âme*, il faut posséder : 1° des représentants des objets cosmiques et 2° des organes des sens, pour qu'il s'y produise des couples composés, 1° de sentiments physiques, et 2° de sentiments de leurs représentants logiques. Dans le cas où ceux-ci ne correspondent pas aux sentiments physiques, l'âme de l'individu n'est donc pas un *microcosme*, mais elle est un *monstre*.

Dans le principe, le genre humain était alogue, comme le sont les enfants qui viennent au monde et comme le sont les animaux. Alors les âmes ne pouvaient pas être formées, la reproduction se soutenait par l'expansion des fluides composant le germe du couple primitif, ainsi que cela a lieu pour la reproduction des espèces d'animaux et de plantes.

Le germe formé dans la plante génératrice était le germe d'un individu neutre ; c'est pendant son *ensarcose*, opéré au moyen de la combinaison des molécules préparées dans l'animal neutre auxiliaire qu'il est résulté un excédant de matière, laquelle s'est créé un appareil propre à la faire rejeter au dehors. Cette succession de la formation des parties génitales est suivie maintenant dans le développement du fœtus ; tous les autres organes sont déjà bien indiqués, tandis que la cervelle et les parties génitales manquent. Ces organes du fœtus sont les derniers qui se forment.

L'individu primitif développé dans un animal auxiliaire s'est nourri de la plante génératrice ; il vécut seul jusqu'à l'âge de puberté, époque où il eut la première expermatose pendant son sommeil. Le sperme répandu sur les feuilles de la plante a provoqué l'expansion des fluides composant le germe de l'individu neutre ; cette expansion a fait croître un fœtus dans un animal auxiliaire. Ce fœtus ayant été formé par l'expansion des fluides du même germe n'a pas différé du précédent jusqu'aux parties génitales, lesquelles, au lieu de faire saillie en dehors comme dans l'individu mâle, sont retournées vers l'intérieur.

Ce renversement de directions a sa cause physique dans le renversement des directions des expansions constaté dans les courants électriques interceptés; les courants qui ont chassé le sperme sur la plante ont pris des directions inverses qui se sont portées de la plante vers le sperme. Le nouvel individu n'a différé du précédent que par les parties génitales renversées.

Le noms Adam et Ève en langues orientales signifient *homme* et *femme;* ce ne sont pas de noms propres, bien que l'Écriture les emploie comme tels. Néanmoins il n'y a aucun inconvénient à suivre cet usage généralement adopté.

Adam était à l'âge de puberté quand Ève vint au monde au moyen de l'animal auxiliaire; elle était inséparable d'Adam. Tant qu'elle fut enfant, elle ne fit aucune attention aux parties génitales d'Adam, mais arrivée à l'âge de puberté, elle commença à être frappée du changement qui s'opérait dans la forme et la dimension de ces parties qui prenaient l'apparence d'un serpent. C'est cette tentation qui a conduit le couple primitif à l'accouplement, de même que cela eut lieu pour le couple primitif des animaux.

La reproduction ainsi commencée rendit superflue l'intervention de l'animal neutre auxiliaire. Les deux individus du couple primitif n'ont donc différé de ceux engendrés par la reproduction qu'en ce qu'ils se sont développés tous les deux d'une manière qui n'était pas habituelle.

En exposant la série de faits d'après la loi physique et non d'après des hypothèses, je suis convaincu de leur réalité; cependant je ne doute pas que parmi mes lecteurs il ne s'en trouve beaucoup qui ne puissent approfondir les lois de la Physique. Pour les mettre donc en état de se convaincre de la réalité de tout ce que j'avance ici, je leur rappellerai le nouveau dogme sur l'Immaculée Conception et le dogme ancien de la conception de Jésus-Christ. Cet objet, d'une très-haute importance, est traité longuement dans la *Métaphysique;* si j'en fais mention ici, c'est pour empêcher le lecteur de croire que les dogmes sont des jeux de fantaisie.

II. DE LA DISPERSION DU GENRE HUMAIN SUR LES DEUX BORDS DE LA MER ÉQUATORIALE.

§ 269. C'est au moyen du rapprochement des deux individus du couple primitif que s'est propagé l'ensarcose des expansions des fluides impondérables composant le germe. Il n'y a que le barogène qui détermine ces ensarcoses; l'expansion des autres fluides détermine l'arrangement des molécules des organes des sens.

Pendant toute sa vie un couple peut procréer, terme moyen, quatre enfants ou deux couples; dans l'espace d'un siècle, les descendants d'un couple dépassent le nombre 3. Au fur et à mesure qu'augmentait le nombre des descendants, les moyens d'alimentation fournis par le pays natal diminuaient; d'où la nécessité de quitter Malacca par les parties est et ouest, où il n'y resta que le petit nombre de ceux qui purent y trouver leur subsistance. Chaque siècle il y eut des individus forcés d'abandonner leur pays et de traverser des régions habitées jusqu'à ce qu'ils trouvassent un lieu inoccupé.

La direction que les émigrants devaient suivre était donc déterminée : ils durent s'éloigner de Malacca vers l'est et l'ouest. Ainsi les uns A sont arrivés au versant occidental et les autres B au versant oriental des Andes, et se sont mis en possession de l'hémisphère sud. Cette nombreuse émigration a dû être interrompue quand les émigrants se sont rencontrés presque à une égale distance des deux côtes de Malacca dans les îles de la Sonde. La dispersion des quadrumanes et des autres animaux à la surface habitable des deux bords de la mer équatoriale a été semblable à cette dispersion du genre humain.

Voici en quoi a consisté la différence : tous les animaux forment des espèces et des genres, tandis qu'il n'y a pas différentes espèces parmi le genre humain ; les pays ont été occupés par des individus à l'état animal, mais tous ces individus ont été homogènes. Les enfants devenus aptes à se procurer leur nourriture ont abandonné leur mère, sans que celle-ci allât à leur recherche; la famille n'existait pas encore. Le genre humain était répandu comme un troupeau d'animaux autour de la mer équatoriale, dont les bords arrosés étaient la seule superficie S habitable sur la Terre.

Pour évaluer à peu près l'espace de temps écoulé depuis la formation du couple primitif jusqu'à l'époque *e* où a été occupée toute la superficie $S = 2 \times 360 \times 25 \times 10$ lieues carrées, on suppose de 10 lieues la largeur arrosée par la mer équatoriale dont le niveau était soulevé et dans laquelle les marées ne manquaient pas. Si dans 1 lieue carrée 100 individus seulement pouvaient trouver leur subsistance, $N = 18$ millions serait le nombre total des habitants de la Terre à l'époque où les deux bords de la mer ont été occupés par l'homme herbivore, comme on le voit par la structure de son appareil d'alimentation.

Je dis que terme moyen on peut compter que les descendants d'un couple primitif auront triplé au bout d'un siècle; ainsi il y avait 3 couples à la fin du 1er siècle, 3^2 à la fin du 2e et 3^n à la fin de n^e siècle quand toute la superficie habitable S a été occupée par les 18 millions d'habitants. L'équation suivante donne :

$$3^n = 18{,}000{,}000, \quad n \times \log. 3 = \log. 18{,}000{,}000, \quad n = 15 \text{ siècles.}$$

Ce calcul sert à mieux fixer les idées sur le mode de dispersion du genre humain pendant son état animal considéré comme âge d'enfance.

III. L'HOMME ALOGUE DEVENU LOGIQUE ET L'HOMME HERBIVORE DEVENU OMNIVORE.

§ 270. Ce double changement unique du genre humain a eu pour cause physique : 1° la non-diversité d'espèces du genre humain ; 2° son appareil de translation ; 3° sa taille supérieure à celle des quadrumanes ; 4° enfin son organe de la voix, qui est le reflet des différents états physiologiques. On ne trouve pas cet organe chez les quadrumanes, qui ont été formés avant le soulèvement des montagnes et avant les oiseaux ; les ondes sonores multipliées par les oiseaux ont puissamment contribué au perfectionnement de l'organe de la voix humaine.

L'homme errant ne différait en rien des quadrumanes jusqu'à la rencontre des émigrants A avec les émigrants B ; cette rencontre fit que chacun s'arrêta à la place où il se trouvait. D'abord on se procura facilement la nourriture ; ensuite celle-ci devint rare. Les enfants ne purent plus abandonner leur mère parce qu'ils ne trouvaient pas leur subsistance, à cause de la multiplication des habitants. L'homme commença à disputer sa nourriture aux quadrumanes ; les enfants n'étant pas capables d'en faire autant, restèrent dans le domicile commun avec leurs mères. L'origine des familles et de la vie sociale a eu pour cause les obstacles qu'a rencontrés la vie errante et l'augmentation de la densité des habitants. 1° Dans chaque communauté ou domicile il s'est formé un langage particulier ; 2° la densité croissante des habitants a forcé l'homme herbivore par nature à devenir omnivore.

A. MODE DE FORMATION DES LANGAGES DANS LES COMMUNAUTÉS.

§ 271. Pendant le séjour des mères avec les enfants, ceux-ci poussaient des cris déchirants; les mères leur donnaient à boire, et les enfants ne pleuraient plus. A quelques heures d'intervalle, les enfants recommençaient à pleurer, et étaient calmés par le même moyen; de sorte que chaque mère parvint à savoir que le cri de l'enfant était le reflet de l'état indiqué par les mots *j'ai faim*. En imitant le cri de l'enfant, la mère et les autres enfants indiquèrent l'état de faim, sans que cependant dans ces cas les cris fussent un reflet comme ils le sont chez l'enfant.

Pendant leur vie errante, les mères comprenaient également que les cris de leurs enfants indiquaient qu'ils avaient faim; mais quand les enfants se séparèrent d'elles, la formation d'un langage cessa de faire des progrès. Il en est de même des brebis, qui connaissent le cri de leurs agneaux, mais qui l'oublient quand ceux-ci se séparent d'elles.

Quand on eut établi des communautés et qu'on se fut élu des domiciles, les mères restant toute la journée avec leurs enfants, répétaient d'abord les cris des petits enfants, puis ceux des plus âgés qui étaient aussi le reflet d'états physiologiques différents. Ces cris sont les *épiphomènes* communs à toutes les langues, épiphomènes qui ne se rencontrent pas chez les animaux.

Un cri étant le reflet d'un état physiologique, est un produit naturel; un cri imité pour indiquer un état physiologique absent est le *représentaut logique* de cet état. C'est donc de représentants de ce genre qu'est composé le vocabulaire de chaque langue; chaque nom substantif est un cri prononcé d'abord en présence de l'objet pour unir les sentiments produits par l'objet avec celui produit par le cri. Ensuite, en l'absence de l'objet, le sentiment du cri sert à rendre présents les sentiments produits par l'objet.

Les sentiments sont des combinés ayant pour éléments : 1° les fluides arrivant à l'organe des sens correspondants, et 2° l'électricité qui parcourt les nerfs des organes des sens. Ces éléments, composés d'électre, éprouvent des expansions indéfinies, et ce sont ces expansions des éléments des représentants logiques qui constituent ce qu'on indique par les mots *association des idées.*

Nombre des langages primitifs. Dans chaque communauté de familles il s'est formé un langage propre, parce que pour indiquer le même objet, tel que Soleil, Lune, étoile, etc., on a employé un cri différent dans chaque communauté. Une communauté pareille n'occupait qu'une faible étendue, car les individus qui partaient le matin pour chercher leur nourriture rentraient le soir à leur domicile. Ainsi l'étendue du terrain longeant le bord de la mer ne dépassait pas 5 lieues ; chaque degré renfermait cinq communautés au moins, et par suite il y en avait 3600 sur les deux bords de la mer. Le nombre total des langages primitifs ne pouvait donc être inférieur à 3600.

Microcosme. Les fluides impondérables, lumière, chaleur, échogène, électricité positive et électricité négative venant des objets aux organes des sens, s'y combinent avec l'électricité des nerfs et il en résulte les mêmes objets à l'état immatériel. Il y a donc expansion des mêmes fluides impondérables, 1° des objets matériels du Cosmos, et 2° des objets immatériels du Microcosme.

Les représentants logiques des objets matériels sont aussi les représentants de ces mêmes objets à l'état immatériel, par lesquels s'opère l'expansion des mêmes fluides impondérables.

C'est au moyen de leurs représentants que les objets du microcosme se combinent de mille manières différentes, dont plusieurs peuvent être représentées par des objets pondérables cosmiques.

C'est donc au moyen de leurs représentants logiques que

les objets matériels deviennent des objets immatériels, et ensuite au moyen des mêmes représentants ces objets immatériels se combinent de diverses façons particulières que l'on peut démontrer à l'aide d'objets matériels.

Beaux-arts. Dans les cas où les expansions des fluides des objets immatériels s'opèrent spontanément, elles occasionnent des combinaisons de représentants spontanés. Ces combinaisons sont : 1° la *poésie*, quand elles sont exposées sous forme de chanson et de danse; 2° la *peinture*, si elles sont exposées sous forme de dessin; 3° la *sculpture*, si elles sont exposées sous forme d'objets matériels.

Industrie. Quand il y a pénurie de nourriture, l'homme se trouve forcé de combiner les représentants des objets de manière à en tirer la construction d'un appareil propre à faire augmenter la quantité de nourriture.

Imitation. L'homme herbivore n'avait à disputer sa nourriture qu'avec les quadrumanes, et comme il les chassait, ils ne pouvaient pas se multiplier. Cependant la nourriture devint de plus en plus rare, et la faim força l'homme d'abord à imiter les oiseaux qui se nourrissaient de poissons, ensuite ceux qui se nourrissaient de chair. C'est ainsi que l'homme devint omnivore en imitant les oiseaux avec lesquels il commença à disputer sa nourriture.

B. Accroissement de la densité des habitants avec la multiplication de la nourriture.

§ 272. Au moyen de la combinaison des représentants logiques, l'homme inventa d'abord des appareils propres à empêcher les quadrumanes de partager sa nourriture végétale; devenu ichthyophage, il inventa d'autres appareils pour se débarrasser de la concurrence des oiseaux. Enfin, devenu sarcophage, l'homme tailla le silex en forme de haches et de lances pour tuer les animaux dont la chair devait lui servir à se nourrir.

Le terrain dont les produits avaient suffi à la nourriture végétale de quelques milliers d'individus composant une communauté, devint capable de fournir en poissons et en gibier une quantité de nourriture suffisante pour subvenir aux besoins d'un nombre d'habitants dix fois plus grand. Au lieu de se borner à un espace étroit sur le bord de la mer, au moyen de la hache qu'il avait inventée, l'homme se fraya un chemin dans l'intérieur des champs pour augmenter ses ressources alimentaires. En nageant, il pêcha à une assez grande distance du bord de la mer et fit en même temps la chasse aux oiseaux aquatiques.

Il est évident que l'homme herbivore a dû devenir omnivore, car c'est ainsi qu'il a pu s'approprier toutes les espèces de produits de la Terre propres à servir à l'alimentation humaine et à favoriser la densité des habitants de la Terre.

§ 273. **Origine des beaux-arts.** Dans les microcosmes composés des représentants logiques des objets qui se trouvent dans le Monde, il y a des expansions des fluides tirés directement des objets eux-mêmes ou de leurs représentants. Avant que l'alphabet fût inventé, on ne pouvait obtenir des représentants logiques que directement des objets ou à l'aide de récits; il était alors impossible que des individus absents transmissent ces mêmes représentants logiques.

Pendant la vie de famille, les membres de chaque communauté ne possédaient que des microcosmes composés des représentants tirés directement des objets ambiants; ainsi les expansions des fluides des objets et celles de leurs représentants ne différaient pas. Ces expansions des fluides des représentants furent cause que la coordination des représentants fut faite de manière à ne pas être la même que la coordination naturelle des objets, sans cependant en différer. Par exemple, dans une forêt de chênes tous les arbres diffèrent; l'*arbre poétique* de la forêt se compose de branches qui ne manquent pas, mais elles se trouvent sur plusieurs *arbres naturels*.

L'artiste qui parcourt une ou plusieurs forêts possède dans son microcosme les représentants des arbres et les expansions des fluides sous la même forme que celle des arbres. La main, obéissant à l'expansion des fluides, fait apparaître les formes correspondant aux branches d'un grand nombre d'arbres réunies sur un seul arbre dont la beauté surpasse tout ce qui existe dans la nature. Un arbre photographié présente exactement l'arbre naturel, cependant il est moins beau que l'arbre poétique composé de belles branches qui ne se trouvent que sur un grand nombre d'arbres.

IV. LE GENRE HUMAIN CESSE DE VIVRE EN DEHORS DES CONTINENTS.

§ 274. Les pluies apparurent d'abord autour des versants de l'Himalaya (§ 117); en descendant, les eaux inondèrent les côtes de Malacca, et ainsi les habitants de cette presqu'île restèrent séparés des habitants des champs, qui durent abandonner leurs foyers pour se soustraire à l'inondation qui s'étendait vers l'est et vers l'ouest.

Ne trouvant pas des moyens d'alimentation suffisants chez les autres peuplades, les émigrants durent aller en avant pour céder leur place à ceux qui les suivaient. Cette émigration générale ne ressemblait pas à la dispersion opérée quelques dizaines de siècles auparavant par les ancêtres de ces peuplades; car les indigènes restaient chez eux et les seuls émigrants marchaient toujours en avant. Après être arrivés, les uns au versant occidental et les autres au versant oriental des Andes, les émigrants se trouvèrent dans l'hémisphère sud dont les côtes n'avaient pas été inondées. La densité des habitants, déjà très-grande dans cet hémisphère, fut doublée par les émigrants venus de l'hémisphère nord.

A la suite des pluies de l'Himalaya commencèrent celles des Andes, puis elles devinrent universelles. Les inondations apparurent dans l'hémisphère sud en se propageant des deux côtés des Andes. Les indigènes furent forcés d'abandonner leur domicile et de s'enfuir avec les précédents émigrants. En s'éloignant des Andes, les peuplades mêlées se rencontrèrent dans les régions des îles de la Sonde.

Réduits à la plus extrême pénurie, les émigrants, déjà carnivores, mangèrent la chair des indigènes. De leur côté ceux-ci commencèrent à en faire autant à l'égard des émigrés, qui finirent par être détruits, parce qu'en raison de leur origine différente, ils ne purent s'entendre entre eux pour se liguer contre les indigènes. Ceux-ci, étant unis, purent se défendre et vaincre leurs adversaires, dont ils employèrent la chair pour se nourrir.

Limites de l'anthropophagie. On ne trouve nulle part en Asie ou en Europe, ni dans l'hémisphère nord de l'Afrique et de l'Amérique de peuplades anthropophages; les habitants des îles de la Sonde sont tous anthropophages. Cependant tous les individus parlant le même langage ne se mangent jamais entre eux ; ils n'usent que de la chair de ceux qui parlent un langage différent du leur.

La distribution géographique des anthropophages et l'usage de ne manger que des individus hétéroglottes sont deux résultats déduits des lois de la Physique. Je ne rapporte ici ces faits singuliers qu'à titre d'exemple, afin de mettre dans toute son évidence l'erreur des naturalistes qui ont cru qu'il leur serait possible, au moyen de la combinaison des faits, de parvenir à en decouvrir l'origine et le mode de leur production.

CHAPITRE II.

DE L'ÉTAT DU GENRE HUMAIN ET DE L'ÉTAT GÉOLOGIQUE DE LA TERRE DEPUIS L'APPARITION DES PLUIES JUSQU'AU DÉLUGE.

§ 275. I. Il y a sur la Terre un petit nombre de grandes nations composées chacune de plusieurs millions d'individus qui occupent de grandes étendues sur le globe; ces individus connaissent l'agriculture et ont un culte, et parlent une langue commune ayant divers dialectes.

II. Par contre, il y a un grand nombre de petites peuplades composées chacune de quelques milliers d'individus; ces peuplades occupent de petites superficies, se nourrissent de substances végétales et animales produites par la nature; elles n'ont pas la moindre notion d'agriculture et par conséquent n'ont aucune idée de culte. Quelques-unes de ces peuplades, qui habitent l'hémisphère sud, sont anthropophages; d'autres habitant cet hémisphère ou l'hémisphère nord, ne mangent pas de chair humaine.

III. Il y a en Asie, dans la vallée du Nil et en Amérique, des monuments anciens, des temples, des palais, des forteresses, d'où l'on peut conclure qu'avant le Déluge ces pays avaient de nombreux habitants très-avancés dans les beaux-arts.

IV. Il y a dans les deltas du Mississipi, du Gange et du Pô des dépôts amenés par les eaux qui indiquent que les eaux ont commencé à paraître à une époque qui remonte à 60,000 ans. Dans le principe, il n'y avait pas de pareils dépôts, ce qui nous fait voir qu'il y avait alors absence de fleuves, et que par suite il n'y tombait jamais de pluie.

V. Il y a dans le delta du Nil un dépôt de 6 mètres, ce qui nous montre que, avant le Déluge, ce fleuve se jetait dans la mer Rouge.

VI. Les noms géographiques *Japon*, *Birman*, *Hindoustan*, *Kintschindjinge*, *Beloutchistan*, etc. (§§ 50 et 51) sont des preuves historiques que les ancêtres des habitants de l'Asie et de l'Europe sont sortis de la presqu'île Malacca.

VII. Osiris, Isis et ἱέραξ, Jupiter, Junon et ἀετὸς, père, fils et *oloub*, sont trois personnes d'une Triade.

VIII. Le gouvernement des parents, des familles, le gouvernement hiérocratique, le gouvernement monarchique, correspondent aux trois âges du genre humain.

§ 276. Très-peu de mes lecteurs, sans doute, pourront bien comprendre ces huit données et les apprécier ; cependant je suis certain qu'il n'y en aura aucun qui n'en comprenne au moins quelques-unes. Au reste, il suffira à tous d'être convaincus de la réalité de chacune de ces données et de ne pas les considérer comme des hypothèses logiques, car aucune d'elles n'était inconnue, je n'ai fait ici que les classer dans l'ordre où l'histoire du monde se trouve exposée depuis l'apparition de la Trinité jusqu'à nos jours et même jusqu'à la fin du monde.

A l'aide de la même classification, on remonte des faits connus à la Trinité, et c'est ainsi que l'homme peut parvenir à se convaincre qu'il y a eu une action suprême exercée sur les molécules d'un fluide primitif indéfini, équilibré dans un espace indéfini de manière que ces molécules soient divisées en deux masses inégales M et $M + M'$ et parcourir des distances indéfinies pour se rapprocher et s'accumuler, puis former deux volumes égaux dont chacun contient une quantité infinie de molécules ; mais celles de la masse M ont une densité δ inférieure à celle $\delta + \delta'$ des molécules de la masse $M + M'$.

Dans le principe, les molécules équilibrées présentaient un état pareil à celui dans lequel les physiciens français admettaient un fluide *éther*. Ces molécules, obéissant à l'action suprême, ont parcouru des distances infinies et se sont infiniment rapprochées; elles se sont trouvées former deux globes égaux composés de masses M et M + M′, de sorte que les molécules μ' de la masse M ont acquis une densité δ inférieure à celle $\delta + \delta'$ des molécules μ de la masse M+M′.

Monothéisme absolu. La masse totale 2M + M des molécules équilibrées dans l'espace indéfini présente la perpétuite ἀϊδιότης permanente et invariable.

Monothéisme triadique. A la fin de l'action suprême, la masse M + M′ de molécules s'est trouvée former un globe g égal au globe g' composé des molécules M; ces deux globes g, g' ont été separés par une distance Δ limitée et invariable. Il s'est trouvé ainsi : 1° des molécules μ ayant la densité $\delta + \delta'$; 2° des molécules μ' ayant la densité δ'; 3° un espace indéfini parcouru par ces molécules dans leur rapprochement, d'où est résultée une tendance d'expansion indéfinie entre les molécules des deux globes. Dans cet état, les molécules sont nommées *électre.*

Osyris, *Jupiter*, le *Père* sont les représentants dogmatiques de l'électre dense, du *pycnoélectre;*

Isis, *Junon*, le *Fils* sont les représentants dogmatiques de l'électre moins dense, de l'*aréoélectre;*

Ἱέραξ, ἀετὸς, *oloub* sont les représentants dogmatiques de la tendance indéfinie de l'expansion de l'*électre.*

§ 277. **Origine du culte.** Les peuplades sauvages sont composées d'individus parmi lesquels il n'y a de distinction qu'entre les familles. C'est de pareilles peuplades qu'était composé le genre humain avant l'apparition des pluies, alors qu'il habitait les deux bords de la mer équatoriale.

Après l'apparition des pluies, il n'y eut de sauvé de l'inondation que les peuplades qui se trouvèrent sur la partie équatoriale du continent. Parmi les centaines de ces peuplades circonscrites dans de petites étendues de terrains, il n'y en eut que cinq qui se trouvèrent sur de grandes surfaces de continents, à Siam, dans l'Hindoustan, en Abyssinie, au Mexique et au Pérou. Les descendants de ces cinq peuplades se sont multipliés dans la proportion de l'étendue des pays qu'elles occupaient; en même temps les membres de chacune de ces cinq peuplades ont continué à parler la langue de leurs ancêtres, et c'est ainsi qu'il s'est formé sur la Terre cinq grandes nations depuis l'apparition des pluies.

C'est avec le secours de l'agriculture que la densité des habitants a le plus augmenté; ce nouveau moyen de se procurer la nourriture a produit divers effets. Pour que les récoltes fussent belles, il fallait qu'il tombât de la pluie à des époques déterminées, et l'homme ne pouvait amener ce résultat par ses seules forces physiques. Il imita la conduite des enfants à l'égard de leur mère pour en obtenir leur nourriture; il pria avec larmes pour obtenir des pluies des êtres qui commandent aux nuages, qui en règlent les mouvements et dirigent les pluies. Dans les cas où celles-ci devenaient nuisibles aux récoltes, l'homme priait qu'elles fussent modérées.

Comme les prières de chaque individu ne parurent pas avoir la même efficacité, on choisit ceux dont on pensa que les prières produiraient les effets désirés. Les offrandes après les récoltes furent leurs récompenses. Ainsi dans chaque communauté des villes et des villages il y eut des gens occupés à prier, et leur nombre se multiplia dans la proportion des offrandes. Ces offrandes furent apportées dans des enceintes simples d'abord, mais qui, plus tard, furent transformées en temples au fur et à mesure que les offrandes devinrent plus abondantes.

Dieux et demi-dieux. Osiris et Isis, avec l'ἱέραξ, étaient des divinités dogmatiques, représentants du monothéisme triadique; les héros ou demi-dieux étaient des hommes qui avaient repoussé les invasions des voisins qui enlevaient les récoltes et produisaient une diminution de nourriture et d'offrandes. Ces gens-là étaient l'objet d'une grande vénération pendant leur vie. Quand leur vie matérielle avait cessé, leur état immatériel durait encore. Ceux qui leur survivaient conservaient dans leur souvenir l'image du héros défunt telle que les artistes la représentaient dans leurs tableaux.

A l'état matériel, les héros avaient des dimensions bornées, mais après leur mort ces limites restreintes disparaissaient; les dimensions, tout en conservant entre elles les mêmes rapports, augmentaient indéfiniment, car l'état immatériel des défunts se compose des combinés des fluides impondérables dont l'expansion est indéfinie.

Ce dogme correspond : 1° à la conservation des combinés des fluides impondérables, et 2° à leur expansion indéfinie. Pour représenter cette expansion proportionnelle des fluides des combinés, les artistes se sont efforcés de donner aux dieux et aux demi-dieux des dimensions de plus en plus grandes, comme on le voit dans les statues colossales. C'est par ces accroissements illimités qu'avant le Déluge les artistes représentaient la vie de l'âme séparée du corps.

Les organes des sens sont des espèces d'appareils photographiques produisant des combinés ayant pour éléments : 1° les fluides arrivant des corps, et 2° les fluides électriques qui parcourent les nerfs des organes des sens. Sans que rien ait changé dans la forme de ces combinés, c'est l'ensemble de leurs dimensions qui croît proportionnellement à l'expansion des fluides.

Il cesse de se produire de nouveaux combinés de chaque organe des sens dès que les nerfs ne sont plus parcourus par l'électricité; c'est à cet état que sont réduits tous les organes des sens quand les courants électriques qui soutiennent les corps en vie sont interceptés.

§ 278. **Mort.** Les courants électriques parcourent les nerfs et les liquides composant les corps vivants des animaux et de l'homme. Les fluides des corps ambiants produisent des sentiments naturels aussi bien chez les animaux que chez l'homme; mais ces sentiments n'acquièrent de représentants logiques que chez l'homme. C'est dans la coordination de ces représentants que l'on trouve l'origine, 1° de la différence qui existe entre l'homme et l'animal, et 2° de celle qui existe entre les intelligences diverses des individus. La quantité des représentants logiques des objets ne dépend pas de la durée de la vie de l'individu, mais de la variété des objets et de leurs représentants logiques.

Du moment où se sont formés les combinés des sentiments et de leurs représentants logiques, ce sont ces représentants qui se combinent toujours de diverses manières; ces différentes combinaisons ont toutes une existence individuelle et une expansion des fluides dont les représentants ont été composés. Si l'individu mène une vie monotone et oisive, la durée de cette vie fait augmenter le nombre des combinaisons qui ne diffèrent pas entre elles; si, au contraire, l'individu change continuellement la combinaison des représentants des objets cosmiques, s'il cherche ces objets partout au Monde, et si en même temps sa vieillesse est longue, les combinaisons des représentants des objets sont à la fois nombreuses et toutes différentes.

De pareils combinés immatériels ne s'anéantissent ni ne restent dans un état permanent et invariable; ils se maintiennent toujours en vie, et cette vie consiste en une expansion des fluides, expansion représentée avant le Déluge par des statues depuis la grandeur naturelle jusqu'aux plus hautes dimensions qu'il soit possible d'atteindre.

La mort est la cessation de production, 1° de nouveaux représentants des objets découverts, et 2° des combinaisons particulières de ces représentants avec les précédents.

Cette mort n'a aucun rapport avec les combinés produits dans les organes des sens et avec la coordination de leurs représentants, car les fluides qui les composaient persistent d'être en expansion indéfinie dès le moment où les combinés ont été produits.

§ 279. **Changements de l'état de la Terre et de l'homme dus aux pluies diluviennes.** I. Le soulèvement des montagnes pendant la période diluvienne a occasionné immédiatement la formation des oiseaux; le soulèvement de la branche composant la presqu'île Malacca a occasionné la formation de l'unique plante dont a été formé l'unique couple animal qui n'avait pas d'espèces. En se multipliant, les descendants de ce couple se sont dispersés autour des deux bords arrosés par la mer et par conséquent habitables. Cette vie errante de l'homme sauvage et alogue s'est terminée quand l'homme eut occupé toute l'étendue des deux bords de la mer; c'est ainsi qu'il est passé à la vie de famille. Dans cet état, il s'est formé un langage propre à tous les membres de chaque communauté, et à l'exemple des oiseaux aquatiques, quand la nourriture végétale lui a manqué, l'homme a commencé à se nourrir de poissons et plus tard d'oiseaux et de quadrumanes. L'homme d'abord errant, alogue et herbivore, s'était fixé dans une demeure et était devenu logique et omnivore. En même temps l'abaissement du niveau de la mer et des champs fit augmenter l'altitude des montagnes, et c'est cette altitude de l'Himalaya qui a été la cause physiques des pluies.

II. L'apparition des pluies a été un effet physique de cette altitude des montagnes (§ 117). Les champs inondés devinrent inhabitables d'abord dans l'hémisphère nord où l'Himalaya avait produit les pluies, de sorte que les habitants des champs passèrent de l'hémisphère nord dans les champs de l'hémisphère sud qui n'étaient pas inondés. Au bout d'un certain laps de temps, l'altitude des Andes devint suffisante pour produire des pluies; alors les champs de l'hémisphère sud furent inondés. En fuyant les inondations venant des deux versants des Andes, les habitants se rencontrèrent dans les îles de la Sonde. Les peuplades indigènes réduites au plus extrême dénûment, commencèrent à se nourrir de la chair des émigrants. Ces derniers, qui n'étaient plus composés de membres homoglottes, mais bien d'individus de diverses peuplades, ne purent se défendre contre les indigènes, composés de membres homoglottes. C'est ainsi que l'*anthropophagie* s'établit dans les îles de la Sonde et parmi quelques peuplades de l'hémisphère sud de l'Afrique et de l'Amérique. Les descendants de ces peuplades se sont maintenus dans la zone torride jusqu'au moment du Déluge, ensuite ils se sont dispersés dans les latitudes supérieures, où ils se trouvent à présent.

Les peuplades qui s'étaient sauvées sur la partie équatoriale des continents se multiplièrent, et leurs descendants purent trouver de l'eau dans les lacs et de la nourriture dans les îles, dans les lacs et dans les isthmes qui séparaient ces lacs. Les descendants homoglottes de chaque peuplade purent se multiplier proportionnellement à la superficie du sol qui augmentait graduellement à mesure que les lacs furent comblés.

III. Les descendants de cinq peuplades de la zone équatoriale occupèrent le Siam, l'Hindoustan, l'Abyssinie, le Mexique et le Pérou ; ces descendants s'y multiplièrent en conservant le langage de leurs ancêtres, mais en se dispersant chaque branche perfectionna le langage commun. C'est ainsi que se sont formés les dialectes chez les nombreux descendants de cinq peuplades, tandis que chez les descendants d'un petit nombre d'autres peuplades, le langage de leurs ancêtres s'est conservé et est resté invariable.

IV. Les peuplades qui de la zone équatoriale se sont dispersées sur la zone torride ne différaient entre elles qu'en ce que quelques-unes de celles qui s'étaient fixées dans l'hémisphère sud étaient devenues anthropophages tandis que les autres ne l'étaient pas, mais elles étaient seulement omnivores. Aucune de ces peuplades n'avait de culte, comme cela a lieu encore actuellement chez les descendants des peuplades qui ne sont pas des cultivateurs domiciliés.

1. GÉOLOGIE DU BASSIN DU NIL.

§ 280. Dans le principe, les continents n'étaient qu'un assemblage de pyramides formant par leur superficie une surface composée de sommets de pyramides dont les bases étaient séparées entre elles par de grandes profondeurs nommées *bassins*, lesquels avaient pour paroi la couche composée de minerais aérolithiques. Avant l'apparition des pluies les bassins étaient vides; ils furent remplis d'eau par les pluies et furent transformés en lacs contenant des îles et séparés les uns des autres par des isthmes.

Pendant toute la durée des pluies diluviennes, les lacs reçurent des dépôts; ils se trouvèrent dans l'état actuel au moment de la séparation des deux colonnes d'air, séparation qui eut pour résultat, 1° le Déluge, et 2° la cessation des pluies diluviennes. C'est au moyen des dépôts qu'est indiqué l'espace d'abord vide, puis rempli d'eau et enfin comblé.

Depuis le lac découvert au sud de l'équateur où est la source du Nil jusqu'à la cataracte de la haute Égypte, il y avait dans le principe un lac comparable à celui de l'Europe depuis le lac de Constance jusqu'au Bosphore. Dans ce lac mille vallées conduisaient de l'eau trouble et des restes de plantes. Le sable de l'eau se déposait d'après la loi de l'Hydrostatique dans la partie supérieure du bassin, et les restes des plantes s'accumulaient autour de l'embouchure et de la partie inférieure du lac.

Chaque partie comblée du bassin est devenue une plaine qui s'est couverte d'eau à l'aide des pluies. Quand, après avoir été miné, le lit de l'embouchure inférieure s'est abaissé, l'eau s'est ouvert une vallée à travers la plaine; les versants de cette vallée sont composés des dépôts par lesquels le bassin a été comblé. Les versants de la vallée du Nil sont partout composés de grès, de granite, de porphyre, de calcaires; ce n'est qu'au Sennaar que le sol est couvert de silice aérolithique et de cailloux. On voit ici la preuve que la partie la plus élevée du bassin n'a pas été, comme le fond du lac, recouverte par des dépôts d'eau trouble qui se sont changés en grès.

1 Autour des embouchures des ravins descendant dans la vallée du Nil, sont des amas de cailloux qui y ont été charriés.

2° Après les cailloux, arrive le grès en gros grains séparés de l'eau très-trouble.

3° Vient ensuite le grès composés de grains fins séparés de l'eau la moins trouble.

4° Les terrains ignés se trouvent dans les régions qui ont formé successivement l'embouchure inférieure du lac. Telles sont les embouchures par lesquelles le Nil s'est écoulé pour se jeter dans la mer Rouge en passant par les vallées transversales.

Deux îles du lac de la Nubie, l'ont divisé en trois détroits dont celui du milieu, qui est le plus large, est occupé par la vallée du Nil; il présente la forme d'un golfe auquel Hérodote a donné le nom de κόλπος θαλάσσης βορηΐης. Au lieu de reconnaître ces deux îles dans le grand lac, les géologues ont dit qu'il y a trois enfoncements dirigés du sud au nord. Il faut distinguer : 1° les lits ou les vallées formées par les côtes des îles et les vallées creusées par le Nil; 2° les dépôts minéralogiques par lesquels le bassin primitif a été comblé.

A. Superficie du bassin du Nil formée d'après la loi de l'Hydraulique.

§ 281. Le bassin qui a pour paroi la partie du géostrome composé de minerais aérolithiques contenait deux séries de pyramides qui le divisaient en trois compartiments. Après l'apparition des pluies, le bassin devint un grand lac dont le niveau fut déterminé par le niveau de la partie de la moindre altitude du bassin. Pendant les pluies les plus abondantes, les eaux sont sorties du lac par des bords dont le niveau est inférieur aux autres parties de ce bord.

Vallées. Dans le cas où le lit de ces embouchures se brisait, le niveau de ce lit y baissait et il commençait à s'écouler une plus grande masse d'eau dans la mer Rouge, car le niveau de cette mer est inférieur à celui du lit du Nil, comme on le voit à présent dans le canal qui conduit l'eau douce du Caire à Suez. Six vallées transversales existent entre les récipients du Nil et de la mer Rouge ; elles coupent la masse des montagnes de l'ouest à l'est depuis le fleuve jusqu'à la mer.

I. La première vallée transversale du niveau le plus élevé est en Nubie.

II. Dans la haute Égypte, il y en a deux : 1° celle d'Edfou qui conduit à l'ancienne Bérénice, et 2° plus au nord la vallée de Kéné qui conduit à l'ancienne Koseir.

III. Dans la basse Égypte, il y a trois vallées transversales par lesquelles on va du Caire au golfe de Suez.

Ces six vallées transversales ont leur lit à six niveaux en s'abaissant de la Nubie jusqu'à la basse Égypte. En Nubie, le niveau du lac s'est donc trouvé au-dessus du niveau du fond de la vallée transversale qui conduisait à la mer Rouge. Pour que le niveau fût à une telle altitude, il fallait que l'eau ne sortît du lac par aucune embouchure du niveau inférieur.

Le niveau du lac a baissé dans l'embouchure de la vallée d'Edfou et il a été élevé par les dépôts dans la vallée de la Nubie. A cette époque, la haute Égypte communiquait avec la mer Rouge et non avec la Méditerranée. C'est à la teinte de l'eau du Nil répandue sur cette mer qu'est due l'épithète qui lui est restée même après le Déluge depuis que le fleuve a abandonné cette mer pour se jeter dans la Méditerranée.

Plus tard, le niveau de la vallée d'Edfou s'est élevé à l'aide des masses de granite expulsées des fournaises (1), et c'est ainsi que s'est ouverte la troisième vallée qui conduit de Kéné à l'ancien Kosseir. La communication entre la haute Égypte et la mer Rouge est donc restée, même quand plus tard les trois autres vallées transversales de la basse Égypte se sont ouvertes successivement.

§ 282. **Plaines et cataractes.** Dans le principe, le grand lac était divisé transversalement par des isthmes qui débordaient pendant les pluies. Les dépôts ont fait élever le fond du lac jusqu'au sommet inférieur de l'isthme, et il en est résulté une plaine. L'isthme, miné par l'eau qui s'est précipitée de son côté inférieur, s'est brisée, et le niveau de l'embouchure a baissé. Alors l'eau, en serpentant dans la plaine, en a enlevé les dépôts et elle s'y est ouvert une vallée ayant pour versants les minerais déposés dans le bassin comblé. Par exemple, là où un isthme traverse le bassin à Syène, son sommet s'élève à un bassin ayant la même altitude que Berber; toute la superficie a été comblée et s'est transformée en plaine quand la partie la moins solide de l'itshme a été brisée, et le niveau du lit a baissé de plusieurs dizaines de mètres pour permettre à l'eau du niveau élevé du bassin de s'y écouler.

(1) J'ai démontré que la pression barométrique **p** exercée sur la Terre par les colonnes d'air s'opposait aux éruptions volcaniques. Dans les latitudes inférieures jusqu'à la latitude de 30 degrés, cette pression était minime, **p** — **p'**; c'est pourquoi il y a eu des éruptions volcaniques avant le Déluge.

Le nouveau courant s'est propagé en remontant de Syène vers Berber en y formant un détour demi-circulaire de 250 lieues. Dongola est située dans cette plaine, abondamment arrosée et bien cultivée. Hérodote mit quarante jours pour traverser les 250 lieues ; la corde de cet arc à travers le désert est de 100 lieues.

Lorsque l'isthme susdit était à son altitude primitive, l'eau du Nil s'est écoulée de la Nubie dans la mer Rouge; la vallée transversale au-dessous de Syène n'avait pas été formée. Nous trouverons plus bas la date, 1° du percement de l'isthme de Syène; 2° de l'abaissement du niveau du lac en Nubie; 3° de la fermeture de la communication du Nil par la vallée de la Nubie et de l'ouverture de la vallée d'Edfou par laquelle le Nil s'est écoulé dans la mer Rouge.

Dans le principe, quand le Nil se jeta de la Nubie dans la mer Rouge, la contrée située entre les deux isthmes, l'un de Syène et l'autre de la haute Égypte, formait le bassin d'un grand lac produisant des plantes aquatiques dont les restes sont devenus des calcaires, comme je l'ai démontré plus haut pour les calcaires de tous les bassins, à l'exception du bassin de la Thébaïde, lequel a été comblé par les eaux affluentes avant d'être traversé par le Nil.

Ce bassin comblé a présenté le même aspect que le bassin situé au-dessus de l'isthme de Syène jusqu'à l'époque où l'isthme inférieur du Batn-el-Hadjar a été percé ; alors le niveau du lit a baissé à l'embouchure. Depuis cette époque s'est abaissé le niveau du lit du fleuve qui se trouve entre deux versants creusés partie dans le calcaire et partie dans le grès. De même donc que le fleuve serpente dans la plaine de Dongola, de même il serpente dans la plaine horizontale, sur laquelle, à l'époque des débordements, l'eau se répandait jusqu'à cinq lieues au delà des rives de la haute Égypte.

Après le percement de l'isthme de Batn-el-Hadjar, le

fleuve s'est ouvert une communication inférieure vers la mer Rouge par la vallée de Kéné et il a abandonné la vallée supérieure d'Edfou. Tout ce que j'ai dit plus haut sur la concordance entre la loi de l'Hydrostatique et la forme de la superficie des plaines entre les isthmes s'est trouvé d'accord avec les plaines du récipient du Nil qui se trouvent entre les isthmes, ainsi que cela a lieu pour les isthmes et les vallées du Rhin et du Danube.

B. Différence entre l'épaisseur du dépôt du delta du Nil et celle des dépôts des autres deltas.

§ 283. Dans les lits des fleuves et dans leur delta l'épaisseur de l'alluvion est bornée, ce qui a conduit les géologistes à reconnaître que les fleuves avaient eu un commencement ; car s'ils avaient toujours existé, l'épaisseur de l'alluvion serait indéfinie. Les deltas du Gange et du Pô ont un dépôt de 121 mètres d'épaisseur ; celui du Missisipi un de 152 mètres. On trouve dans le Nil : 1° dans la haute Égypte et à Memphis une épaisseur de 13 mètres ; 2° au sommet du delta actuel, une épaisseur de 6 mètres.

Par cette voie on est conduit à reconnaître que dans les deltas des autres fleuves le dépôt du sable a commencé au moment où ont apparu les pluies dont l'eau est descendue dans les mers. 1° Dans le delta actuel du Nil, le dépôt a commencé depuis le Déluge, et 2° celle de la haute Égypte et de Memphis a commencé à une époque presque double de celle du Déluge, ou depuis 13,000 ans.

Wilkinson a trouvé que dans les dix-sept derniers siècles le dépôt s'est accru de 2m,92 à Éléphantine, de 2m,27 à Thèbes et de 1m,54 à Héliopolis ; de même le susdit observateur a trouvé d'après les lits annuels, dont le nombre dépasse 900 dans les plaines qui bordent le fleuve, que la quantité de sédiment déposé n'a point varié pendant les dix derniers siècles. D'après l'épaisseur 1m,54 du dépôt de dix-sept siècles, on trouve pour l'épaisseur de 6 mètres depuis le Déluge :

$$1,54 : 17 = 6,00 : x = 63 \text{ siècles.}$$

En raison des changements produits dans le lit du Nil par le percement des isthmes, l'épaisseur du lit nous fait voir : 1° que le Déluge a eu lieu il y a 63 siècles ; 2° qu'à une époque double de celle du Déluge le fleuve a brisé une partie de l'isthme de Syène et s'est ouvert une vallée dans la plaine en se jetant dans la mer Rouge par la vallée d'Edfou.

§ 284. **Tourbes.** Il a été constaté que l'ancienneté des dépôts tourbeux ne remonte pas, comme celle des dunes, au delà de l'époque du Déluge ; ce qui le prouve, c'est que nulle part ils ne sont recouverts par la couche de sable apportée par le vent du Déluge. Il y a dans les tourbes un dépôt stratifié qui permet d'évaluer l'espace de temps écoulé depuis le commencement de sa formation, c'est-à-dire depuis le Déluge. Les calculs les plus exacts basés sur ces couches ont conduit au même résultat que le calcul basé sur l'épaisseur du dépôt dans le delta du Nil ; on a trouvé que ce résultat était de 60 siècles depuis le Déluge. C'est aussi la durée que les livres sémitiques assignent à cet événement, dont la cause physique était inconnue jusqu'à présent. C'est pourquoi quelques géologues ont cru à un Déluge dont la nature était inexplicable; d'autres ont dit qu'ils ne pouvaient pas admettre un événement si contraire aux lois de la Physique, sans réfléchir qu'ils étaient trop éloignés pour connaître cette loi.

C. Minerais de la vallée du Nil.

§ 285. Le plus grand nombre des monuments, tels que les pyramides, les colonnes, les forteresses, les colosses, les statues, les temples, ont été construits avec des matériaux tirés du sol. Tant qu'on a supposé que les éléments chimiques primitifs ne changeaient que dans leur arrangement, on s'est borné à la description des faits observés. Je démontre ici qu'avant l'apparition des pluies il n'y avait pas de dépôts de bassins de même qu'il y avait absence de terrains ignés, de basalte, de granite, de porphyre dans ces bassins. Pour simplifier, je vais décrire le bassin du Nil divisé en deux compartiments par l'isthme de Syène et par celui de Batn-el-Hadjar.

Calcaire. L'espace entre ces isthmes a été isolé et il a reçu l'eau des versants ambiants; ainsi il y avait un grand lac couvert de plantes aquatiques, dont les restes s'étaient tranformés en calcaires qui s'étaient déposés au fond du lac. Cet état a duré depuis le commencement des pluies jusqu'à six à sept mille ans environ avant le Déluge. Quand l'isthme de Syène a été percé, l'eau du Nil a pénétré dans le lac et elle a commencé à s'écouler par la vallée d'Edfou, par laquelle s'était d'abord écoulée l'eau du lac pour se jeter dans la mer Rouge.

Tant que ce lac de l'Égypte fut séparé, le bassin du Nil de la Nubie fut aussi un lac contenant deux grandes îles; entre ces îles est passée l'eau du fleuve; cette eau s'est unie à celle qui descendait des versants ambiants et s'est écoulée par la vallée de la Nubie dans la mer Rouge.

Grès. L'eau trouble a charrié des cailloux qui sont restés autour des embouchures supérieures; les grains de sable se sont déposés après les cailloux, et c'est ainsi que les dépôts se sont trouvés graduellement composés de grains de plus en plus fins entre les deux îles et entre celles-ci et les bords du lac. Pendant cette grande circulation d'eau trouble entre les îles, l'eau a été clarifiée et le grès qui en est résulté a été d'une extrême finesse.

Granite, porphyre. Les régions où sont accumulées les substances végétales sont des régions de granite et de porphyre; car les restes de plantes ont été conduits dans les deux lacs dès le commencement des pluies. Il s'est produit de la houille ancienne et il s'est formé des fournaises entourées de diaphragmes cristallins. La couche intérieure de ces diaphragmes a été à l'état demi-liquide et la couche extérieure entièrement mouillée, quand la poussée répulsive des gaz brûlants a vaincu la résistance $s+p$ composée de la solidité s du diaphragme et de la pression barométrique p qui, en Égypte, a été d'une dizaine de fois moindre que la pression $\mathbf{p}$ en Europe.

En descendant la vallée du Nil dans la Nubie, on trouve que ses versants sont en grès, lequel a des grains de plus en plus fins. Le granite n'apparaît qu'aux limites entre la Nubie et la haute Égypte. On passe sous silence le schiste qui se trouve autour des fournaises, car il ne sert à aucun ouvrage. Les minerais se présentent dans un ordre qui les fait correspondre à deux lacs : 1° dans le lac supérieur, contenant deux îles, a circulé l'eau du Nil ; 2° dans le lac inférieur, il n'est descendu que l'eau des versants du récipient. C'est d'après ces deux lacs que sont déterminées les régions géologiques suivantes dans la haute Égypte.

I. **Régions granitiques.** Il y en a deux, dont chacune est à l'extrémité inférieure des lacs. 1° La région méridionale granitique se trouve depuis l'île de Philae jusqu'à Syène et se termine à l'île Élephantine, et 2° la région granitique boréale venant de la vallée du Batn-el-Hadjar s'étend vers l'ouest au delà du lit actuel du Nil.

Au-dessus de chacune de ces régions granitiques la vallée s'élargit, car le niveau du fleuve s'élève au-dessus des cataractes ; de sorte qu'il y a un rapport entre la hauteur h de la chute des cataractes et la superficie de la plaine qui résulte de l'élargissement apparent de la vallée.

Le plus grand nombre des carrières est situé autour de Syène ; Belzoni y a trouvé deux grands bassins taillés dans le granite, mais encore adhérents à la masse, ainsi qu'une colonne romaine avec des inscriptions du temps d'Antonin et de Sévère. Jomard a découvert un bloc de granite destiné à l'érection d'un colosse de 23 mètres de hauteur, mais ce bloc n'a pu arriver qu'à la moitié de son trajet. Ces produits d'art dans les mêmes carrières nous apprennent qu'ils ont été faits à deux époques séparées, distantes de plus de 4000 ans. La colonne romaine, qui n'est pas une continuité d'ouvrages de dimensions colossales, sert à démontrer combien la population de l'Égypte pendant la domination romaine était inférieure à celle de ce pays avant le Déluge.

Le granite de Syène existait quand le fleuve s'ouvrit un passage à travers l'isthme pour passer dans le lac inférieur et se jeter dans la mer Rouge par la vallée d'Edfou. Jusqu'alors il n'y avait d'habité que la Nubie; la haute Égypte n'est devenue habitable que depuis que le Nil a changé son ancien lit; il n'y avait des habitants Hellènes qu'autour de Suez.

II. **Région calcaire.** Ce minerai a été produit dans le lac inférieur par les restes des plantes aquatiques; le calcaire commence au-dessous des cataractes de Syène, qui était la limite méridionale du lac; il s'étend dans toute l'Égypte. J'ai démontré par l'épaisseur de 6 mètres dans le delta du Nil et de 13 mètres dans la haute Égypte que ce fleuve n'existait pas sur la côte de la Méditerranée il y a 6000 ans ni dans la haute Égypte il y a 13,000 ans (1).

Le lit du fleuve a d'abord eu à la surface la grande puissance du calcaire, et il s'est abaissé graduellement vers la mer Rouge; le niveau du lit s'est abaissé après l'enlèvement des roches de calcaire aux endroits où le courant avait une

(1) Dans la plupart des sondages qu'il fit exécuter en 1851 dans la plaine de Memphis, L. Horner rencontra des morceaux de briques cuites et de poteries jusque dans les parties les plus basses du sol traversé. Près de la statue colossale de Sésostris, on ramena d'une profondeur de 13 mètres et sans avoir quitté le limon du Nil, un fragment de poterie rouge sur ses deux faces et gris foncé à l'intérieur. En évaluant à 1 décimètre par siècle l'épaisseur du sédiment déposé par le fleuve sur ce point, on a trouvé que cette partie de la basse Égypte était habitée depuis 13,371 ans.

On trouve ainsi à l'aide de deux moyens puisés dans la Géologie: 1° qu'il y a treize siècles l'eau du Nil n'arrivait pas en Égypte; 2° qu'il y a six siècles cette même eau du Nil n'arrivait pas dans le delta actuel.

vitesse supérieure, et c'est ainsi qu'ont été formées les rives dans les roches très-escarpées. On trouve dans ces roches les carrières d'où ont été tirés les matériaux qui ont servi à la construction des monuments de la Thébaïde avant le Déluge. Une grande partie de ces monuments disparut après le Déluge; le pays, devenu désert, fut repeuplé par de nouveaux habitants qui cherchaient des trésors et qui détruisaient les palais et les temples.

III. **Régions du grès.** En venant du Sennaar, le N a son lit dans le limon et ses rives dans les roches de grès. A Syène, les rives sont dans les roches de granite; ensuite il y a entre ces roches et les roches de calcaire de l'Égypte un espace d'une vingtaine de lieues où les rives sont des roches de grès dont les grains ne sont pas si fins que ceux du grès de la Nubie. Ce grès de la haute Égypte est suivi plus bas par des roches de calcaire; il a fourni les matériaux pour les temples parfaitement conservés par la seule raison que les cubes de grès ne peuvent servir à d'autres constructions, tandis que les pièces de granite et de marbre d'un édifice servent à un autre.

Remarque sur la détermination du temps par l'épaisseur des dépôts. Les roches de grès ne sont que des dépôts des grains de sable tenus en suspension dans l'eau trouble qui est en mouvement; l'épaisseur de la couche du dépôt est nulle dans les cataractes; au lieu d'y déposer du sable, le fleuve brise les roches et en éloigne les fragments. Dans les deltas, la vitesse du courant atteint son minimum et l'élévation annuelle de son niveau se répète tous les ans, ce qui fait qu'il s'y produit tous les ans la même épaisseur de dépôts.

L'eau entre trouble dans les bassins, elle fait sortir de l'embouchure inférieure l'eau qui s'est éclaircie pendant qu'elle avançait vers l'embouchure inférieure. Si la forme des bassins était hémisphérique, il y aurait des dépôts d'épaisseur croissante de la périphérie vers le centre.

La quantité de l'eau du Nil n'a pas changé depuis le Déluge; le dépôt de son delta actuel a été produit par cette quantité d'eau. Avant le Déluge, la quantité d'eau de tous les fleuves était si grande qu'elle, 1° remplissait tout l'espace entre les deux rives, et 2° de plus l'espace du fond du lit actuel qui est occupé par les couches des dépôts annuels, dépôts de 6 mètres d'épaisseur qui se sont formés après le Déluge dans l'espace de 6000 ans.

Au moyen de l'épaisseur des dépôts annuels actuels, on peut évaluer le nombre d'années écoulées depuis le Déluge; les dépôts produits dans les deltas depuis l'apparition des pluies sont composés: 1° de ceux Δ d'avant le Déluge, et 2° de ceux d d'après le Déluge. Si l'on calcule d'après l'épaisseur e annuelle actuelle qui est n fois inférieure à l'épaisseur **e** de la couche des dépôts d'avant le Déluge, on est conduit à un résultat qui indique depuis l'apparition des pluies un espace de temps plus long que le véritable.

IV. **Région du sel gemme.** En Égypte, l'eau des puits est habituellement salée; c'est pourquoi le pays est inhabitable. En parlant de la vallée du Danube (§ 187), j'ai indiqué le mode de formation du sel gemme au bord des lacs par les restes des plantes, tandis que les calcaires se forment au milieu du fond des lacs. L'existence du sel gemme dans le sol d'Égypte nous fait voir qu'il y avait des lacs couverts de plantes aquatiques. Les restes de ces plantes ont été transformés en sel gemme et en d'autres minerais par lesquels les bassins ont été comblés.

V. **Région de natron.** La vallée des lacs de natron est séparée de celle du Nil par un plateau de roche calcaire peu élevé, indiquant qu'il s'est formé dans un bassin de ce niveau, car sa surface unie est couverte de silex, d'agates, de cailloux roulés de différentes espèces. On descend peu à l'ouest; il y a dix lacs comblés par le soude ou le natron; les ruines du fort Kassr sont composées de fragments de ces roches.

A l'ouest de la vallée de natron, il en existe une autre déserte et sans eau; il y a des troncs entiers d'arbres pétrifiés qui ont jusqu'à 6 mètres de longueur, et plusieurs morceaux de ce bois sont changés en agate. On y a trouvé des vertèbres d'un grand poisson. Les cailloux roulés appartiennent au silex et aux roches aérolithiques de la haute Égypte.

Ces faits ont servi à rendre évidente l'existence d'un état pendant lequel l'Égypte était arrosée par des pluies très-abondantes qui s'étendaient même jusque dans des régions où elles manquent complétement aujourd'hui. Quant aux arbres pétrifiés, les chimistes ont dit que la substance végétale en a été éloignée et qu'elle a été remplacée par la silice qui s'est trouvée dissoute dans l'eau. J'ai démontré ici que la substance végétale, sans changer de structure, s'est transformée en agate au moyen des éléments électriques des rayons solaires.

D. Climat de l'Égypte avant le Déluge.

§ 286. Partout, dans les latitudes supérieures, les plantes et les animaux qui y vivaient avant le Déluge en ont disparu aujourd'hui. Le climat de l'Égypte n'a pas éprouvé un pareil changement : les espèces de plantes et d'animaux qu'on y rencontre maintenant sont les mêmes que celles qui existaient avant le Déluge ; on ne trouve ni dans les fossiles ni dans les peintures les espèces d'animaux qui peuplaient les latitudes supérieures. On voit clairement ainsi le rapport direct entre la pression barométrique croissant avec les latitudes et la structure des animaux habitant ces latitudes. En Égypte, la pression barométrique était supérieure à la pression actuelle ; cependant elle n'est pas arrivée jusqu'au point de produire des animaux différents.

Avant le Déluge, il tombait en Afrique des pluies plus abondantes que celles qui s'y font ressentir depuis cette époque; dans les tropiques, les pluies étaient aussi plus abondantes que les pluies actuelles. Les débordements du Nil couvraient une très-grande étendue du pays cultivé, mais la permanence de l'eau du Nil a été cause que les villes furent bâties sur les parties de ses rives qui restaient au-dessus du niveau des débordements.

Dans le grand temple d'Osiris, à Philai, les gouttières aux coins de pylônes sont restées conservées jusqu'à présent; ces gouttières servaient, avant le Déluge, à recueillir l'eau des pluies tombées sur les toits et à les conduire dans la cour, comme cela est encore en usage aujourd'hui dans les pays où il pleut abondamment.

Dans la haute Égypte, l'indice du commencement du débordement du Nil coïncide presque avec le solstice. Telle a été l'origine de l'observation du mouvement du Soleil dans la zone céleste, subdivisée en 12 parties à 30 degrés déterminées chacune par des étoiles fixes auxquelles on a donné un nom. Plusieurs de ces noms sont empruntés à des animaux; c'est pourquoi cette zone est nommée *cercle du zodiaque*, nom qui prouve la connaissance de la langue hellénique.

Le signe du Lion indique dans ce dessin le commencement de la subdivision du zodiaque. Fourrier en a induit qu'à cette époque le solstice était au commencement du signe du Lion. Le solstice est passé du signe du Lion dans celui du Cancer 2500 avant Jésus-Christ; par suite, le dessin a été fait à une époque où le solstice était au commencement du signe du Lion, ou 2500 + 2163 ans avant Jésus-Christ et 4663 — 4000 = 663 ans avant le Déluge. Ce résultat, trouvé par Fourrier d'après le calcul astronomique basé sur le tableau représentant le temple d'Osiris à l'époque où les beaux-arts étaient à leur plus haut degré, ce résultat, dis-je, est parfaitement d'accord avec les dates du Déluge dues aux calculs des géologues, calculs basés, 1° les uns sur l'épaisseur de dépôt du delta du Nil, et 2° les autres sur l'épaisseur du dépôt de la tourbe.

II. DE L'ÉTAT DU GENRE HUMAIN DEPUIS L'APPARITION DES PLUIES JUSQU'AU DÉLUGE.

§ 287. Avant l'apparition des pluies, le genre humain occupait les deux bords de la mer équatoriale, dont les marées arrosaient plusieurs lieues de chaque côté. Cette superficie arrosée, à laquelle je donnerai ici le nom de *zone équatoriale*, était couverte de flores différentes correspondant aux diverses positions du Soleil. C'est dans cet état que se trouvent à présent les trois planètes Mars, Jupiter et Saturne, avec cette différence que la planète Mars a déjà des montagnes sans avoir encore été arrosée par les pluies, et que les deux autres planètes n'ont pas de montagnes. Mars a déjà des oiseaux, des quadrumanes, des poissons et des invertébrés, et l'homme est tout près d'y être formé; les deux autres planètes n'ont pas d'oiseaux, mais seulement des quadrumanes, des poissons et des invertébrés. Les bandes parallèles à l'équateur observées sur ces planètes sont des flores qui changent périodiquement selon leurs saisons.

Avant l'apparition des pluies, le genre humain occupant la zone équatoriale était composé de plusieurs milliers de peuplades parlant chacune un langage particulier et possédant une habitation séparée de celles de ses voisins. Avant qu'il se fût formé un langage particulier dans chaque habitation, il s'est formé des familles, et cela parce que toute la zone équatoriale a été occupée par des habitants.

Au moyen du langage, l'homme est parvenu à confectionner des objets d'art et d'industrie pour chasser les quadrumanes; il a employé pour cela le silex taillé. Les individus hétéroglottes avaient recours au dessin pour faire connaître les objets qu'ils voulaient se communiquer. On a trouvé en Europe et au Brésil, dans des cavernes, des dessins de ce genre représentant des animaux. Ces dessins ont été faits avant le Déluge, alors que ces animaux vivaient et que les pluies étaient répandues sur toute la Terre.

La subdivision du genre humain en peuplades à l'aide du langage s'est conservée jusqu'à présent chez les descendants. L'apparition des pluies d'abord autour de l'Himalaya a forcé les habitants des champs de l'hémisphère nord à passer dans l'hémisphère sud; il n'est resté sur l'hémisphère nord que les habitants de la partie équatoriale de Malacca, de l'Afrique et des parties inférieures des deux versants des Andes.

§ 288. **Origine de l'anthropophagie.** L'apparition des pluies autour des Andes et sur toute la surface de la Terre a produit l'inondation des champs de l'hémisphère sud; les habitants fuyant les côtes des Andes de cet hémisphère se sont rencontrés dans la région des îles de la Sonde. Les peuplades indigènes de cette région, réduites à une extrême disette, se sont vues forcées de se nourrir de la chair des émigrants, qui n'étaient plus composés de peuplades homoglottes, mais d'un mélange d'individus de chaque peuplade. C'est pourquoi ces individus ne pouvaient s'unir comme le faisaient les indigènes, dont les descendants restant dans les mêmes pays qu'occupaient les anthropophages primitifs ont conservé cette habitude d'épargner les individus homoglottes et de ne manger que ceux qui ne parlent pas leur langage.

§ 289. **Origine de cinq grandes nations.** De même que l'anthropophagie a eu pour cause physique la forme des continents et l'altitude de leurs montagnes, de même les cinq grandes nations d'avant le Déluge ont eu pour cause les grandes superficies du sol sur lesquelles se sont répandus les descendants de cinq peuplades, tandis que les centaines d'autres peuplades se sont répandues sur de faibles superficies du sol, qui ne permettaient pas à leurs descendants de se multiplier beaucoup.

D'après l'étendue du sol qu'occupa chaque peuplade après l'apparition des pluies, le genre humain s'est donc divisé : 1° en un grand nombre de peuplades composées chacune d'un petit nombre d'individus, et 2° en cinq peuplades composées chacune d'un grand nombre d'individus homoglottes et formant cinq grandes nations sur la Terre avant le Déluge.

Zone de la Terre habitable par l'homme avant le Déluge. Le Déluge a été produit par la séparation des deux colonnes d'air qui existaient d'abord et qui produisaient une pression barométrique croissant avec les latitudes. Depuis l'apparition des pluies, chaque latitude de la Terre a acquis des habitants possédant une structure propre à supporter la pression locale barométrique; la structure de l'homme le rend apte à supporter une pression barométrique comme la pression actuelle et comme l'était celle de la zone torride avant le Déluge. L'homme a pu s'acclimater et se propager avant le Déluge jusqu'aux latitudes de 36 degrés. Au delà de cette latitude, l'homme pouvait vivre pendant sa jeunesse, mais il finissait par succomber et il lui était impossible d'y fixer son habitation et de s'y propager.

De ces cinq grandes nations, 1° deux sont établies en Amérique, l'une au Pérou et l'autre au Mexique; 2° deux autres se sont trouvées en Asie, l'une à Siam et l'autre dans l'Hindoustan; 3° la cinquième nation s'est trouvée en Abyssinie et dans la vallée du Nil d'abord jusqu'à la Nubie tant que l'Égypte n'était qu'un lac. Le Nil se jetait alors de la Nubie dans la mer Rouge. Plus tard il s'ouvrit successivement dans l'Égypte quatre autres vallées pour se jeter dans la mer Rouge; car c'est depuis le Déluge que le Nil se jette dans la Méditerranée.

§ 290. **Monuments construits avant le Déluge.** Il y a des monuments dans les pays qui ont été occupés avant le Déluge par chacune des cinq nations; parmi ces monuments ceux de l'Asie et surtout ceux de l'Égypte sont remarquables par leur nombre, leur variété et leurs dimensions. Les voyageurs grecs ont appris par les récits des prêtres l'histoire des anciens habitants de l'Égypte. Hécatée, Hérodote, Diodore ont raconté les expéditions de Sésostris en Éthiopie, en Arabie et dans l'Inde. On a considéré le récit de ces conquêtes comme fabuleux, et voilà sur quoi l'on se fonde. Pour entreprendre de pareilles expéditions, dit-on, il eût fallu à Alexandre et à Pompée des armées très-nombreuses ; or l'étendue géographique de l'Égypte ne lui permettait pas de contenir de grandes armées. Alexandre n'a donc rencontré aucune résistance.

Depuis le commencement de ce siècle, surtout depuis l'expédition des Français, l'Égypte est devenue l'objet d'une étude toute particulière; on y a découvert l'histoire des anciens habitants du pays représentée dans des tableaux, histoire qui est parfaitement d'accord avec les récits des prêtres dont les assertions se sont trouvées complétement vérifiées.

Cette vérification cependant ne détruit pas les objections précitées contre la possibilité de pareilles expéditions. On sait que les deux monolithes des statues assises de Memnon dans l'île Philae ont été taillées dans la carrière de Syène. Si l'on voulait aujourd'hui faire rétrograder ces colosses pour les ramener au lieu où ils été confectionnés, les revenus de toute l'Égypte pendant plusieurs années ne suffirait pas à payer les frais de ce transport. Chaque colosse pèse plusieurs millions de kilogrammes et le pays est impraticable; encore cet ouvrage n'est-il que la millionième partie des autres ouvrages conservés, qui ne sont eux-mêmes qu'une faible portion de la totalité des ouvrages qui y ont existé.

§ 291. **Mode de production de sons harmonieux par la statue de Memnon.** L'ancienne Thèbes s'étendait des deux côtés du fleuve jusqu'aux chaînes des montagnes et couvrait de ses monuments tout l'espace que ses montagnes laissent libre. Le versant de la chaîne libyque est rempli d'hypogées creusées par les habitants de la ville pour y déposer les morts. Thèbes, l'*Hécatompylos* d'Homère, était appelé *Diospolis* par les Grecs et *No-Ammon* par les Hébreux. Dans une enceinte de 4 lieues, non compris l'hippodrome, elle renfermait des temples gigantesques, des palais merveilleux. On y voyait la statue en pied de Memnon, d'où sortaient le matin des sons harmonieux qui cessaient à midi. Strabon et Aelius-Gallus ont entendu ces sons.

Quant aux temples, aux colonnades, aux obélisques, aux pylônes, aux catacombes, aux murailles et à tous les produits des beaux-arts, je les ai décrits avec la plus grande exactitude pour faire mieux apprécier le degré de perfection auquel étaient arrivés les anciens habitants de l'Égypte. Il me reste ici à exposer leurs connaissances sur le mode de production de l'*échogène* qui se manifeste par des ondes sonores. (Voir *Physique*, t. IV, livre V.)

Dans un réservoir spacieux, on peut ménager à l'air : 1° une entrée au moyen d'une soupape qui s'ouvre de dehors en dedans, et 2° une sortie au moyen d'une autre soupape qui s'ouvre de dedans en dehors.

Pendant la nuit, lorsque l'air est froid, il entre une certaine quantité d'air dans le réservoir ; le lendemain, quand le réservoir a été exposé au Soleil, il acquiert une température élevée ; l'air se dilate graduellement et il s'échappe par la sortie à laquelle est appliquée un appareil qui se met à vibrer et qui fait entendre des sons harmonieux.

En Égypte, pendant l'été, à midi, la température du sable et des statues exposées au Soleil monte à 80 degrés ; en hiver, la température ne s'élève pas autant à midi. La grande différence entre la température du jour et celle de la nuit, en été, ferait écouler l'air avec une intensité plus grande que celle avec laquelle il s'écoule en hiver, car alors la différence entre la température du jour et celle de la nuit n'est pas si grande. Il faut donc conclure de là que ceux qui ne font aucune mention des sons harmonieux ont visité Thèbes en hiver et que l'appareil avait souffert au moment de la séparation des deux colonnes d'air, moment où l'air a manqué autour de la statue et a été très-dense dans son intérieur.

Les peuplades sauvages qui fouillent partout pour chercher des trésors, ont brisé la statue phonétique; ils y ont trouvé l'appareil indiqué, mais cet appareil n'a eu pour eux aucune valeur.

Syringe. En parlant du mode de production des sons de la statue de Memnon, je fais mention de la disposition des portes qui conduisent au séjour des morts. Une douzaine de ces ouvertures d'égale grandeur et voisines l'une de l'autre ressemblent de loin aux trous de la flûte de Pan. C'est cette ressemblance qui prouve qu'à l'époque où la peinture, la sculpture, l'architecture avaient fait de grands progrès, la musique n'était pas restée en arrière.

A. Habitants de l'Égypte avant le Déluge.

§ **292.** D'après les recherches géologiques basées sur l'épaisseur du dépôt de 6 mètres dans le delta actuel du Nil et de 13 mètres à Memphis, on trouve qu'il y a 6000 ans le Nil ne se jetait pas dans la Méditerranée.

D'après le calcul astronomique fait par Fourrier, et dont j'ai déjà parlé, on trouve que le zodiaque a été peint 4663 ans avant Jésus-Christ ou 663 ans avant le Déluge. A cette époque, l'Égypte se trouvait à son plus haut degré de prospérité.

D'après la cause physique du Déluge, mentionnée ici pour la première fois, un vent du sud d'une violence extrême souleva le sable et ensevelit les villes situées en dehors de la zone torride; ce vent brisa les roches, renversa les colonnes, les obélisques et les statues les moins solides. L'air s'étant séparé des deux calottes de la Terre, la température y baissa subitement et tous les habitants de ces deux calottes furent asphyxiés; de sorte qu'il ne survécut que les habitants des versants élevés de la zone torride, qui n'avaient pas été atteints par les torrents cataclystiques.

Plusieurs ouvrages de peinture et de sculpture restés inachevés, nous font voir que les artistes qui travaillaient à ces ouvrages ont tous péri subitement, et cela à une époque où ce peuple portait ses victoires dans l'Éthiopie, dans l'Arabie et dans l'Inde. On ne rencontre pour cette époque aucune trace d'un état de décadence graduelle ayant pour cause: 1° un changement dans le mode de se gouverner, ou 2° l'invasion d'un ennemi venu de l'extérieur.

Partout les tableaux représentant l'histoire des peuples ont la même fraîcheur; partout une épaisse couche de sable a couvert simultanément les villes et leurs monuments; les colonnes, les statues et les obélisques ont été en grande partie brisés et ensevelis en même temps dans le sable.

Indice de la direction du vent du sud entraînant le sable. Les deux temples d'Ipsamboul sont situés dans un lieu où le Nil coule entre des roches de grès dans la direction du sud-ouest au nord-est. Dans cet endroit, une vallée s'étend à l'ouest; on a taillé les versants de cette vallée en forme de façade, laquelle conduit dans un temple creusé sous la montagne. La façade de l'un de ces temples est tournée vers l'est-sud-est, c'est le temple d'Osiris. Belzoni a déblayé le sable et en a trouvé une épaisseur de 12 mètres au-dessus de la porte. En 1816, Burckhard a trouvé le temple d'Isis entièrement découvert; la façade de ce temple est tournée vers l'ouest-nord-ouest, mieux dirigée vers le vent de la Libye que la façade du temple d'Osiris.

A l'égard du vent du Déluge venant du sud, c'est la façade du temple d'Osiris qui y a été exposée et la façade du temple d'Isis en a été préservée. Tout le sable, dont l'épaisseur est de 12 mètres, s'est amoncélé en même temps, et non graduellement, comme cela a eu lieu pour les dunes ou les dépôts; c'est donc une erreur de croire que le sable y a été apporté par les vents habituels du sud.

L'histoire des habitants qui ont construit ces temples se trouve exposée en tableaux lisibles et en hiéroglyphes illisibles. Je me bornerai à transcrire quelques-uns de ces tableaux pour faire ressortir d'une manière plus évidente l'accord qu'il y a entre les objets qui y sont présentés et les habitants qui ont construit les temples.

Tableaux du temple d'Osiris d'Ipsamboul. Les murs sont couverts de peintures dont le coloris a conservé toute sa fraîcheur. On y voit un héros monté sur un char de bataille et prêt à décocher une flèche de son arc : au-dessus de son casque plane un génie ailé (l'ἱέραξ); sa robe lui tombe jusqu'aux genoux; il est paré de bracelets et de colliers. Des tapis et des peaux de léopard couvrent le char qui est peint en bleu, en rouge et en jaune. Les chevaux attelés au char ont les naseaux gonflés; leur bouche ne porte point de mors; ils ne sont retenus que par une muserole, et parés de riches caparaçons. Le héros ressemble à celui du temple de la Thébaïde indiqué plus bas. Trois petits chars le suivent. Il attaque avec ses gens une forteresse, qui est près de se rendre. Cette forteresse a deux étages; de l'étage supérieur se précipitent les ennemis percés de flèches, tandis que d'autres demandent merci; au milieu sont des vieillards, et en haut, des femmes suppliantes; devant les murs de la forteresse on voit un habitant de la campagne qui prend la fuite, et devant lui cinq taureaux s'élancent épouvantés.

Sur la seconde paroi du temple, on voit le même héros marcher sur les cadavres des ennemis immolés et en égorger d'autres; un mulâtre chasse devant lui une troupe de prisonniers parmi lesquels sont quatre blancs quatre bruns, et quatre noirs (Indiens, Arabes et Éthiopiens). Tous ont la physionomie d'un caractère différent, et l'on voit que le vainqueur a porté ses conquêtes dans des climats et des contrées divers. Le héros a la taille colossale, le général des ennemis et ses soldats sont plus petits, mais cependant robustes et grands; les prisonnières, au contraire, ont la taille de pygmées (la force physique y est représentée en dimensions matérielles).

Une autre peinture représente le héros offrant des sacrifices à Isis en reconnaissance de la victoire. (Cette Isis est noire (1), tandis qu'en Égypte elle ne l'est pas). Le héros brûle de l'encens à une Isis dont la tête est surmontée d'un croissant. Autour se déroulent les pompes d'une procession. On reconnaît partout le portrait du héros, mais son costume varie, et il apparaît tantôt revêtu de l'habit de guerre, tantôt avec la robe de cérémonie et la mitre.

Sur la troisième paroi est un combat de sept chars de guerre; plus loin est représentée l'apothéose du héros et sa réception parmi les dieux. Strabon compare la sculpture, le dessin et les couleurs aux ouvrages de Praxitèle et d'Appelle. Le coloris est plein de fraîcheur et de goût dans les peintures; le dessin est parfait quant à l'exactitude anatomique et à l'expression; mais la perspective, l'art de disposer les groupes, la composition, étaient absolument inconnus dans le temps avant le Déluge.

Basse Nubie, pays des temples. Dans un temple au-dessus de la porte est sculpté un globe ailé qui se rencontre très-fréquemment; j'en parle plus bas. Les sujets historiques suivants sont représentés dans les murs du temple. Il y est figuré une bataille; le héros monté sur un char tiré par quatre chevaux chasse devant lui les ennemis vaincus; les fuyards courent vers une terre couverte de vergers épais, d'arbres aux larges feuilles, à la forme variée, dont les branches sont chargées de grappes de fruits et de singes. Deux autres chars tirés par deux chevaux suivent celui du héros; chacun contient une femme et le conducteur.

Dans une autre chambre on voit Osiris assis sur un trône. Devant lui passent les vainqueurs chargés du butin conquis. Des hommes nus portent de gros morceaux de bois d'ébène d'Éthiopie; un autre homme porte une chèvre sauvage, un second, une autruche, un troisième, un grand bouclier de peau de rhinocéros et une gazelle, un quatrième apporte des singes, un cinquième un morceau de bois peut-être d'aloès; il chasse devant lui deux gros buffles; le sixième porte encore un morceau de bois sur lequel est assis un singe; puis vient une girafe avec son conducteur, et enfin deux hommes qui chassent devant eux des prisonniers vêtus de peaux. Au-dessus se voit la continuation de cette procession triomphale, un gros lion, une antilope aux cornes droites et des buffles; devant le trône du roi sont entassés une foule de carquois, d'arcs, de dents d'éléphant, de peaux d'animaux et de toute une file de calebasses pleines.

---

(1) Isis représente peut-être ici la Lune à l'état éclipsé, parce qu'ailleurs, surtout dans le navire sacré, elle porte le croissant sur sa tête.

Sur la paroi qui fait face à la précédente est représenté le roi assis. On fait passer devant lui des prisonniers à la longue barbe les mains liées derrière le dos, puis vient une troupe de femmes prisonnières, vêtues de longs habits blancs avec une haute coiffure sur la tête.

Un autre tableau représente le sacrifice d'un prisonnier et le siége d'une tour dont un homme abat les murs à coups de hache.

Navire sacré de l'île d'Élephantine. On remarque sur une paroi un Jupiter-Ammon et une Isis posant leurs mains sur un jeune homme ; à côté, des libations sont offertes à Isis et à l'idole à tête de bélier. Il y a le *navire sacré* terminé au gouvernail et à la proue par une tête de bélier (à Philae par une tête d'Isis) regardant vers l'entrée du temple. Ce navire repose sur un autel sans hiéroglyphes; au milieu est un petit temple attaché par trois anneaux à un stylobate ; le navire lui-même est porté sur des épaules au moyen de longs bras et au-dessus plane le globe ailé; à côté sont une quantité de vases pour les sacrifices; quatre statues décorées de la fleur de lotus, quatre avec la tête de bélier, une avec la tête de lion, etc.

De grands sacrifices sont offerts derrière le navire; on y voit encore un héros semblable aux figures qu'on remarque dans le palais de Thèbes portant le casque et le sceptre qu'il est prêt à consacrer. Au-dessus de lui plane l'épervier sacré (l'ἱέραξ); sur le devant du navire on remarque une figure de prêtre avec la croix occupé à faire des cérémonies devant l'idole à tête de bélier qui est peinte en bleu d'azur.

D'après Eusèbe, on adorait dans ce temple une figure humaine à tête de bélier portant un disque peint en bleu et surmonté de cornes. Des figures pareilles ont été découvertes dans l'Inde.

Tombeau dans la Thébaïde. Sur une des parois est représentée une pompe triomphale dans laquelle sont conduits des prisonniers de trois races différentes : quatre Juifs, quatre Perses ou Chaldéens quatre Éthiopiens nègres.

Tableaux du palais de Medyenet-Abou. Au sud du péristyle on voit dans le tableau qui représente une pompe triomphale, quatre rangs de prisonniers enchaînés conduits par des guerriers égyptiens; deux de ces prisonniers portent de longues barbes, trois autres ressemblent aux premiers, mais ils sont vêtus de longs manteaux brodés. Près de là sont amoncelées les mains coupées aux ennemis, on les compte et l'on en consigne le nombre sur un rouleau de papyrus. Tous ces prisonniers sont peints en couleur rouge de chair et vêtus de costumes différents; les guerriers égyptiens, au contraire, portent tous des robes blanches à raies rouges. Vient ensuite le héros monté sur un char de métal ciselé.

Au sud, on voit un héros colossal offrir à un dieu trois groupes de prisonniers qui, à en juger par leur costume et leurs plumets, sont des Indiens.

Près de là le héros passe sur un char, l'arc tendu, entouré d'esclaves, de porteurs d'étendards et de tiges de lotus; derrière lui est la mêlée où il apparaît encore.

Sur le bord d'un grand fleuve à la rive occidentale s'élèvent des forts. Près de là sont des tableaux de chasse. Sur la face extérieure du nord on voit l'armée égyptienne, victorieuse de l'armée indienne, conduire les vaincus enchaînés; derrière est une mêlée terrible, et parmi les morts sont des *lions percés de dards*. Les guerriers ennemis se distinguent très-facilement à leur costume et à leurs armes.

Viennent ensuite des tableaux historiques de tous genres. Le héros est descendu de son char de bataille. Au-dessus de lui plane l'épervier sacré (l'ἱέραξ); il s'avance triomphant avec une attitude semblable à celle d'Apollon vainqueur de Python. La scène qui l'entoure est animée, pleine de mouvement, de sentiment, de vie. On y voit des suivants d'armes, des porte-enseignes, tous les signes militaires, et jusqu'aux panaches des chevaux couronnés d'une fleur de lotus.

Plus loin, est représenté un combat naval. Une flotte égyptienne est rangée vis-à-vis une flotte ennemie; les vaisseaux égyptiens, soutenus par une armée de terre, sont ornés de têtes de lion à leur proue; leurs mâts se terminent en fleurs de lotus. La flotte ennemie vaincue est en grand désordre. Les ennemis portent deux costumes différents, les uns ont des casques surmontés de panaches et attachés sous le menton, les autres des casques de fer, peints en bleu, fixés sur la tête et garnis des petites cornes. Les vaisseaux ennemis sont construits comme ceux de l'Inde, et leurs équipages semblent composés de deux castes ou de deux nations. L'eau salée de la mer est représentée différemment de l'eau douce des fleuves; les navires égyptiens se distinguent aussi par leur constitution des bateaux représentés sur d'autres tableaux où l'on voit les barques naviguer sur le Nil.

Des scènes religieuses et des sacrifices succèdent à cette victoire racontée par Diodore qui dit qu'à l'aide de ces σημεῖα on avait voulu éterniser les exploits du héros, auquel on donnait le nom de Sésostris.

Les tableaux représentent aussi les expéditions que le héros entreprit dans sa jeunesse, en Arabie, où il alla ainsi à la chasse aux lions. Après la mort de son père viennent ses conquêtes en Éthiopie. De là il passa dans l'Inde avec une flotte de 400 voiles; il aborde, il s'empare du pays jusqu'aux forteresses au delà du fleuve (*Indus* et non *Gange* comme l'admettait Diodore).

Tableaux de la vie domestique des habitants de l'Égypte avant le Déluge. Dans les souterrains d'El-Keb, Belzoni trouva un grand nombre des momies d'habitants des campagnes. Les peintures comparables en beauté à celles des Thèbes, reproduisent tous les détails de la vie domestique. 1° Les instruments de l'agriculture, le labour, la herse, les semailles, la moisson, la manière de battre le blé, de le rassembler en monceaux, et d'inscrire sur un registre le nombre des tas. 2° D'autres individus se livrent à la pêche et à la chasse. 3° D'autres salent les viandes, font les vendanges, mettent le vin en tonnes. 4° Puis on voit les détails de la vie pastorale, le retour et le soin des troupeaux. 5° La navigation, les manœuvres, les voiles et les rames. 6° Plus loin sont d'autres travaux, toutes les espèces d'industrie et de métiers et enfin la musique, la danse, les funérailles et l'embaumement des momies. 7° Toutes les figures sont couvertes de costumes divers, selon les conditions et le sexe; les femmes, par exemple, sont représentées sans voile, et l'on voit qu'elles n'étaient pas séparées des hommes dans la vie civile.

A chaque travail préside un chef qui se distingue des autres par un air de supériorité et de dignité. Les tableaux sont peints des plus fraîches couleurs; ces images sont conservées à la contemplation des habitants post diluviens de la Terre.

Dans les dessins des tableaux, chacun a trouvé les objets historiques indiqués sans cependant pouvoir en déduire l'histoire du genre humain avant le Déluge. Quant aux objets symboliques, tels que le navire, le bélier, le globe ailé, l'ἱέραξ, le φόινοξ, Typhon, etc., personne jusqu'à présent n'avait aucune idée de leur signification. Ici le lecteur trouvera que les tableaux contiennent toute l'histoire du genre humain depuis l'apparition des pluies jusqu'au dernier moment avant le Déluge.

§ 293. **Faits produits en Égypte par le vent lors de la séparation des deux colones d'air.** Quatre mille ans avant J.-C. le dépôt du delta actuel du Nil n'existait pas; 4,660 avant J.-C. on a tracé le zodiaque qui montre que le solstice se trouvait au commencement du signe du Lion. Pour que le dépôt du Nil n'eût pas lieu avant l'époque indiquée, il a fallu que ce fleuve se jetât dans la mer Rouge par les voies bien conservées. Le changement du cours du fleuve nous sert donc à distinguer l'état de l'Égypte avant le Déluge et son état actuel.

Mais des cinq vallées transversales par lesquelles le Nil se jetait dans la mer Rouge, une seule, la plus ancienne, est dans la Nubie; ces branches transversales des versants des montagnes renfermaient alors un grand bassin, lequel, avant d'être comblé, formait un lac aussi grand que l'Égypte. Avec le dépôt de Memphis, Horner a trouvé qu'il y a 13,370 ans il n'y avait aucun dépôt. C'est donc 11,517 ans avant J.-C. que le Nil a brisé la branche transversale et qu'il s'est ouvert un passage à travers le bassin comblé pour se jeter dans la mer Rouge par la deuxième vallée transversale. Il y a encore trois autres vallées inférieures de ce genre.

660 ans avant le Déluge l'Égypte renfermait un si grand nombre d'habitants qu'il lui serait impossible de les contenir aujourd'hui. Ce changement est dû à la cessation des pluies qui s'étendaient sur toute la Terre avant le Déluge. L'ancien niveau du Nil débordé se trouvait au niveau du sommet de ses rives qui sont restées conservées et qui sont de quelques dizaines de mètres au-dessus du niveau du fleuve débordé depuis le Déluge, et cela malgré l'exhaussement de son lit, qui est maintenant de 6 mètres. On voit ainsi que la superficie de l'Égypte arrosée par le Nil avant le Déluge était une centaine de fois plus grande que celle qui en est arrosée actuellement. Donc, avant le Déluge, il y avait en Égypte plus de 100 millions d'habitants, et un nombre double et même triple aurait pu y trouver place. Les récoltes auraient donc pu suffire à alimenter un bien plus grand nombre d'habitants; mais ses récoltes étaient subordonnées à la fois aux pluies et aux débordements du Nil.

Au moment de la séparation des deux colonnes d'air et du passage du vent par l'Égypte, ce pays se trouvait dans sa période de plus grande prospérité. Tout changea en un instant : tous les habitants furent asphyxiés, les colonnes, les obélisques, les statues et tous les édifices d'une structure fragile furent renversés et ensevelis du même coup dans une couche de sable d'une dizaine de mètres d'épaisseur. C'est dans cet état que s'est conservé jusqu'aujourd'hui la plus grande partie des cités de Thèbes, ville unique qui existait avant et après le Déluge.

§ 294. **L'agriculture, origine du culte.** Il n'y a jamais eu de culte chez les peuplades qui ont conservé l'usage de s'alimenter avec la nourriture naturelle, à l'exemple de leurs ancêtres quand ils se trouvaient au bord de la mer équatoriale. On ne trouve non plus nulle apparence de culte chez les peuplades qui se nourrissent des produits de la chasse et de la pêche comme les peuplades précédentes et en même temps des produits des animaux domestiques. Chez les peuplades agricoles, au contraire, le culte ne manque jamais; la coïncidence du culte avec l'agriculture est donc un fait incontestable. Quant à la cause physique de cette coïncidence, elle est la même que celle qui existe entre les récoltes et les divers états de l'atmosphère, états qui sont régis par un pouvoir supérieur à celui de l'homme. Après avoir jeté la semence sur la terre, l'agriculteur élève ses regards vers le ciel, il le prie de favoriser son travail, et tous les ans il recommence jusqu'à ce qu'il ait recueilli sa récolte.

Les prières de quelques individus ayant été reconnues plus efficaces que celles des cultivateurs, ceux-ci ne manquèrent pas d'offrir une partie de leur récolte aux individus qui, par leurs prières, leur avaient rendu le ciel favorable. C'est ainsi que la multiplication des offrandes des cultivateurs fit augmenter considérablement le nombre de ceux qui prenaient part à leurs largesses. Une grande partie de ceux-ci aurait pu abuser de la confiance des cultivateurs; cependant il est prouvé par des faits que d'autres individus, en se livrant aux contemplations et en passant ainsi à un état d'extase, sont parvenus à découvrir des faits physiques qui ont une existence réelle, sans cependant pouvoir arriver à l'aide de la Physique à connaître l'origine de ces faits; aussi ces faits sont-ils restés comme des dogmes inexplicables.

D'autres individus, en observant les astres, ont découvert la périodicité de la Lune, du Soleil, des planètes, et ils les ont représentés sous leurs formes propres ou sous la forme des divinités dogmatiques déjà établies ; telle est la divinité triadique représentée sous l'aspect de deux personnes différentes, mais homoïdales, et une troisième personne qui est hétéroïde, sans cependant cesser d'être également infinie comme les deux précédentes.

§ 295. **Symboles du culte d'origine astronomique.** Le Soleil, en passant par l'équateur d'un hémisphère dans l'autre, décrit une hélice de chaque côté, hélice comparable à celle formée par chacune des cornes du bélier. Pour indiquer les faits favorables à la récolte produits par le Soleil à l'instigation de la divinité suprême triadique, on remplaçait les deux hélices par deux cornes de bélier, et dans le plan de l'équateur était la tête qui portait les cornes et qui était considérée comme une divinité à cause de l'influence du Soleil sur les récoltes.

Navire sacré. Le bord de ce navire représente la forme elliptique de l'écliptique quand l'observateur se trouve sur le plan de l'équateur. La tête de bélier placée au gouvernail et à la proue indique la position du Soleil à l'époque des deux équinoxes ; la tête d'Isis placée au gouvernail et à la proue indique les mêmes positions de la Lune sur l'écliptique.

Les mains de l'idole à tête de bélier et d'Isis sur le jeune homme, indiquent l'action divine aidant le travail du cultivateur représenté dans son état robuste.

L'axe du navire étant perpendiculaire au lit du Nil, il est

parallèle à l'équateur ; ainsi ce navire est dirigé vers l'entrée du temple. Le navire est porté sur les épaules des deux individus au moyen de longs bras, il repose sur un autel sans hiéroglyphes. Au milieu du navire, est un petit temple en partie voilé et attaché au fond du navire par trois anneaux à un stylobate. Le bord du navire étant l'écliptique, ce petit temple serait le pays. Le *globe ailé* qui plane au-dessus du navire est la Terre qui est dans l'intérieur de l'écliptique ; les deux ailes sont les colonnes d'air.

Les vases pour les sacrifices représentent les offrandes. 1° Les quatre statues décorées de lotus représentent la récolte des quatre saisons. 2° Les quatre statues à tête de bélier représentent les positions du Soleil dans l'écliptique qui produit les quatre saisons. 3° La statue avec la tête de lion représente le solstice.

Le prêtre, avec un anneau ovale portant trois bras, fait une cérémonie devant l'idole à la tête de bélier, qui est peinte en bleu d'azur, indiquant le ciel où circule le Soleil.

Fig. 17.

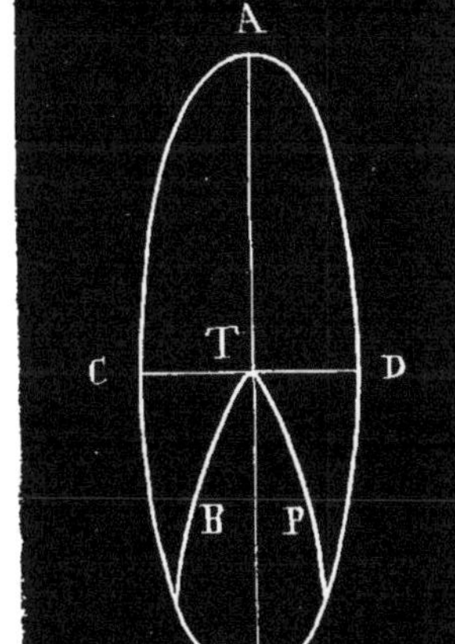

La statue de figure humaine à tête de bélier portant un disque peint en bleu et surmonté de cornes, indique bien les hélices parcourues par le Soleil dans la voûte bleue céleste.

En unissant les deux points des équinoxes, on trouve le diamètre de l'écliptique; ce diamètre est coupé perpendiculairement par la ligne qui unit les points des deux solstices. En prenant ces quatre points sur le bord du navire, 1° son axe ou sa longueur AB (fig. 17) serait le diamètre de l'écliptique; 2° la largeur de ce navire CD, qui forme presque le tiers de sa longueur, est ce qu'on appelle *obliquité de l'écliptique;* c'est ainsi que s'est produite la croix ABCD. Cette croix n'a pas la forme de celle portée par le prêtre qui fait la cérémonie devant l'idole à tête de bélier, on ne voit de cette croix que les trois bras TD, TA, TC, et à la place du bras TB se trouve un anneau THPB de forme ovale qui est dans la main du prêtre. T étant le temple ou l'Égypte au milieu d'un navire, le Soleil occupe du point B de son bord et ses rayons arrivent à T par l'espace THPB.

§ 296. **Terre avec deux colonnes d'air.** N*es'e'* (fig. 18)

Fig. 18.

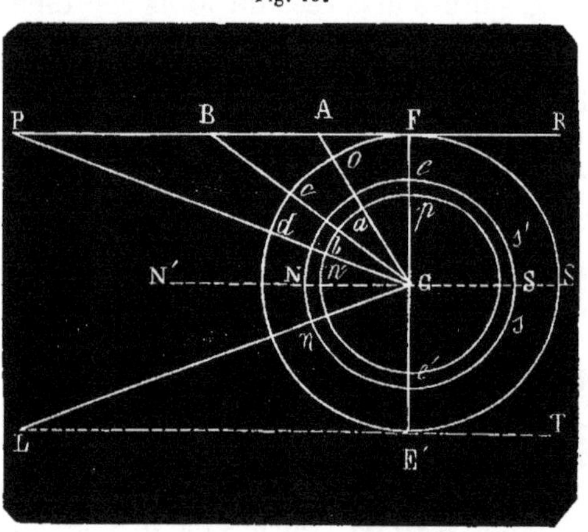

étant la Terre, une colonne d'air est PFE'L et celle de l'autre côté est RST. Les couches d'air *n*, N, N'... ont une densité décroissante ; ces couches d'air sont indiquées par des lignes parallèles dont l'étendue totale équivaut à plus de six fois le diamètre NS de la Terre. Les deux colonnes d'air PRLT touchent le globe en F et en E sans ressembler en rien aux ailes des oiseaux. Les archéologues ont dit que c'est un *globe-aile* sans connaître la liaison symbolique du globe limité par la longueur du navire.

L'accroissement de la pression atmosphérique avec les latitudes était un fait connu ; dans la zone équatoriale FE' il n'y a pas d'excédant de pression, et cette absence d'excédant est bien indiquée. La pression croît dans les latitudes *o*A, *e*B, *d*P... Ce fait général autour de la Terre a été ressenti dès le principe par les peuplades sortant de Malacca, qui ont appelé *Birman* = vers les mourants le pays de la plus grande latitude.

Le bord elliptique du navire indique l'obliquité de l'écliptique.

Les têtes de bélier sont le Soleil.

Les cornes sont les hélices décrites par le Soleil au sud et au nord de l'équateur.

Le temple qui se trouve au milieu du navire est l'Égypte.

Le navire porté indique la gravitation des corps célestes.

Le globe ailé qui plane dans l'espace limité par le navire est la Terre avec les deux colonnes d'air.

Les colonnes d'air se trouvent sur les deux hémisphères de la Terre dans les prolongements de son axe.

Les quatre colonnes à tête de bélier sont les quatre saisons.

Les quatre colonnes ornées de lotus sont les récoltes de chaque saison.

La colonne à tête de lion est le solstice.

Les *scarabées* sont différents de ces symboles; on n'en trouve pas parmi les groupes de symboles astronomiques, tandis qu'il y en a partout ailleurs où les actions physiques et naturelles sont représentées par leurs symboles.

§ 297. **Tableaux des batailles.** Les ennemis, en Asie, sont une aussi grande nation que l'étaient les Égyptiens; ils avaient des troupes de terre, des flottes, des forteresses et des temples conservés jusqu'à présent comme sont conservés ceux de l'Égypte. Les détails relatifs à la forteresse près de se rendre prouvent bien qu'elle est en Asie; parmi les prisonniers les blancs sont Indiens, les bruns Arabes et les noirs Éthiopiens.

Dans les tableaux de Médynet-About, on a représenté la force militaire des Indiens; leurs guerriers ont été pris parmi les habitants de la campagne; on ne leur a donné que des casques et des armes. Les revenus ou les offrandes ont été plus considérables en Égypte que dans l'Inde. Les batailles livrées avant le Déluge différaient peu de celles qui ont été livrées 3000 ans plus tard devant Troie. J'ai bien indiqué encore un fait qui serait inexplicable si l'on ne connaissait la signification du mot *Beloutchistan*, renversé *nat sih ctou lev*=sur eux comme lion. Ce nom géographique a été donné au pays après une victoire remportée par les Indiens sur un peuple qu'on ne nomme pas; cependant ce ne pouvait être qu'une armée égyptienne.

Les lions percés de dards trouvés parmi les morts ont un rapport direct avec l'épithète que les Indiens ont donnée au pays dans lequel la bataille a été gagnée. Ces nombreux lions tués n'ont aucun rapport avec le lion signe du zodiaque. Mais il n'en est pas de même à l'égard des Indiens qui ont voulu éterniser le nom de leur héros en donnant ce nom à un des signes du zodiaque, de sorte que les noms des autres signes du zodiaque doivent être aussi d'origine indienne.

Butin. Les habitants de l'Éthiopie sont fidèlement représentés dans leur état primitif; ils sont nus ou vêtus de peaux et portent tous des objets qui n'ont reçu aucune façon. Si l'on avait apporté des trésors de l'Inde, on n'aurait pas manqué de les représenter. Tout porte à croire que c'est par mer que les Égyptiens s'approchèrent de l'Inde qui était très-peuplée. Une expédition par terre avant le Déluge serait impossible, car la Méditerranée était unie avec la mer Rouge à Suez.

Héros et l'ἱέραξ. Le héros égyptien ne varie pas, il en résulte qu'il n'y a pas eu de fréquentes expéditions. Les Indiens et les Égyptiens commencèrent par vivre en paix; ils firent du commerce, non avec du numéraire, mais en échangeant des objets. Le char de bataille de ce héros ne différait pas de celui d'Achile, protégé par Minerve comme le héros l'était par l'ἱέραξ. Cet oiseau n'était pas originaire de l'Égypte, mais appartenait à une espèce particulière apportée d'Éthiopie. On voit ici que 7000 ans avant le Déluge l'Égypte n'était qu'un lac et que le Nil se jetait de la Nubie dans la mer Rouge. Les ancêtres des Égyptiens d'avant le Déluge étaient donc les habitants des régions peuplées de la vallée du Nil. L'agriculture avec le culte étaient déjà établis parmi ces habitants; ce qui le prouve, c'est l'ἱέραξ composant l'une des personnes de la Triade, car cet oiseau tire son origine de l'Abyssinie.

§ 298. **Détails de la vie domestique des habitants du Nil avant le Déluge.** Avant le Déluge, l'agriculture avait déjà fait des progrès assez notables. En Égypte, la richesse des récoltes était subordonnée aux étendues arrosées par le fleuve et les revenus des prêtres qui étaient les maîtres du pays étaient proportionnés aux récoltes.

Quand l'homme fut devenu cultivateur, il ne renonça pas pour cela à la chasse et à la pêche. Sa première occupation fut de se procurer la nourriture, et ce n'est que quand il eut des moyens d'existence assurés qu'il se livra aux plaisirs des beaux-arts, à la musique, à la danse, aux spectacles.

Travailleurs Egyptiens et propriétaires. A chaque travail préside un chef qui est distingué des travailleurs ; on voit par là que les terres appartenaient aux prêtres et que les paysans cultivaient ces terres pour le compte de ces mêmes prêtres en retenant pour vivre une partie de la récolte. C'est ainsi que l'existence des paysans a toujours été assurée.

L'armée égyptienne était composée de paysans; les officiers et les chefs étaient de familles nobles. L'absence d'uniforme dans l'armée indienne prouve que les paysans possédaient par eux-mêmes des terres dans l'Inde. Les prêtres de l'Égypte avant le Déluge peuvent être assimilés aux lords actuels de l'Angleterre.

Nilomètres postdiluviens. Il y en a deux, celui de l'Éléphantine décrit par Strabon, dont la dernière coudée portait en chiffres grecs KΔ qui équivaut au nombre de 24; alors les eaux du Nil ne dépassaient jamais ce niveau, tandis qu'à présent elles le dépassent de 2m413. Avant le Déluge, le niveau du lit du Nil était de 13 mètres au-dessous du niveau actuel et le niveau du fleuve dépassait la hauteur des rives inférieures ; l'eau se répandait dans les plaines. On trouve qu'à Thèbes le dépôt du Nil ne commence qu'à une profondeur de 13 mètres. Par le nilomètres de l'Éléphantine, on trouve que l'exhaussement séculaire du lit du Nil est $0^m,130$; il en résulte que $\frac{13}{0,13} = 100$ siècles depuis que le Nil coule à Thèbes; d'autres calculs en donnent 130.

§ 299. **Le Phénix, symbole de la régénération du genre huma n.** Dans un temple d'Isis et d'Osiris à Thèbes, onv oit un œil comme ornement et comme offrande ; œil = Ὀμμα = Ammo-n. On y voit le phénix avec tous ses attributs symboliques inexplicables jusqu'à présent, et que pour cette raison on a considérés comme des objets mythologiques. Cet oiseau se rencontre sur plusieurs monuments égyptiens; il est originaire de l'Inde.

Le phénix est le symbole de la *renaissance de ses restes.* Avant le Déluge, il indiquait la renaissance du genre humain à l'aide des restes qui ont échappé après l'apparition des pluies qui ont inondé les champs et dont elles ont noyé les habitants.

I. Les descendants des cinq peuplades qui sont devenues cinq grandes nations avaient entendu dire à leurs parents qu'il y avait autrefois sur la Terre beaucoup d'habitants qui avaient péri et qu'il n'en était resté qu'un petit nombre; plus tard, le genre humain s'est multiplié et la Terre a été de nouveau couverte d'habitants comme elle l'était auparavant. C'est donc cette série de faits qu'on a voulu représenter par l'allégorie du phénix qui renaît de ses restes.

II. Les habitants des versants des montagnes de la zone torride qui y sont restés après le Déluge, ont raconté à leurs enfants qu'il y avait autrefois beaucoup d'habitants sur la Terre, et que ces habitants avaient été noyés dans des torrents d'eau. L'idée d'un Déluge n'a jamais manqué chez tous les peuples ; mais la cause physique de cet événement n'étant pas connue, quelques naturalistes en ont contesté l'authenticité. Si je mentionne ici cette tradition sur le Déluge, c'est pour rendre plus évidente celle sur les inondations, laquelle est restée conservée dans les détails symboliques du phénix.

B. HABITANTS DE LA LIBYE AVANT LE DÉLUGE ET SYMBOLE DE TYPHON.

§ 300. Dans les tableaux rapportés, se trouvent les prisonniers éthiopiens représentés nus et portant du butin qui se compose de produits naturels. Le nombre de ces prisonniers est très-minime.

Partout dans la vallée du Nil, on rencontre des forteresses solidement construites, non pour résister à de puissantes attaques, mais pour durer toujours. Il y a aussi un canal du côté occidental du Nil.

Osiris et Isis sont représentés en lutte continuelle avec Typhon, symbole du désert de l'Arabie et de la Libye. Dans le canal susdit, l'eau douce descendait jusqu'à un endroit où l'on fonda plus tard une ville, dont les habitants devaient protéger l'Égypte contre les invasions des peuplades qui faisaient de fréquentes irruptions parce qu'elles y trouvaient une nourriture plus abondante dont elles enlevaient le plus possible.

Briarée et Typhon. Le groupe du Briarée est répété dans les peintures des temples de la Nubie ; c'est un géant monstre à plusieurs têtes dont les cheveux sont taillés comme ceux des Nouba d'aujourd'hui ; il leur ressemble encore par ses pendants d'oreilles et toute sa parure. On le représentait comme un monstre à plusieurs têtes pour indiquer que les nombreuses peuplades du désert qui ne sont pas cultivateurs reparaissaient peu de temps après avoir été vaincues et battues, comme cela a lieu encore à présent pour les descendants de ces peuplades qui vivent autour de l'Abyssinie sans aucune connaissance en agriculture et sans pratiquer aucun culte. Quelques-unes de ces peuplades se procurent une nourriture naturelle; d'autres, grâce à leur contact immédiat avec les Abyssins, sont devenus pasteurs ou nomades; état dans lequel se sont trouvés les ancêtres des cinq grandes nations quand ils se sont éloignés de la zone équatoriale pour se disperser dans la zone torride.

Le canal qui se trouve à l'ouest du Nil ainsi que les forteresses ont donc dû servir à arrêter les invasions des peuplades sauvages dans les pays cultivés. Les pays où se sont réfugiées ces peuplades sont représentés dans un tableau; le héros monté sur un char traîné par quatre chevaux chasse devant lui une peuplade; les fuyards courent vers une terre couverte de vergers épais, d'arbres aux larges feuilles à forme variée dont les branches sont chargées de grappes de fruit et de singes. Le butin de cette conquête était quelques prisonniers nus portant l'ébène de l'Éthiopie, une chèvre sauvage, une autruche, un bouclier de peau de rhinocéros, une gazelle, des singes, un morceau de bois d'aloès, deux buffles, une girafe et quelques prisonniers vêtus de peau et ayant les mains liées derrière le dos.

Ce tableau indique fidèlement la richesse d'une peuplade qui fait usage de nourriture naturelle, peuplade qui n'est ni agricole ni nomade, et qui n'était composée que d'un millier d'hommes, mais se livrant toujours au mal.

Le butin des habitants de l'Abyssinie, les ancêtres des Égyptiens, appartiennent à une nation civilisée; les prisonniers ont de longues barbes, les mains liées derrière le dos; les femmes prisonnières sont vêtues de longs habits blancs avec une haute coiffure sur la tête. Cette nation possède un pays et des forteresses, car dans un autre tableau on a représenté le siége d'un tour dont un homme abat les murs à coups de hache.

Tacite, en décrivant l'expédition dans l'Inde, y a reconnu une grande domination qu'il compare à celle des Romains et des Parthes. En voyant la multitude des monuments chaque voyageur partage l'opinion de Tacite ; mais personne, jusqu'à présent, n'a pu s'expliquer comment il y avait alors des habitants et une si grande domination, car ceux qui vivaient au pays quand Alexandre y est arrivé n'en étaient pas les descendants, encore moins les vainqueurs.

Les voyageurs grecs ont été moins circonspects que Tacite ; ils ont voulu à tout prix faire l'histoire de l'Égypte comme ils avaient fait celle de tous les autres pays. Les voyageurs modernes les ont imités ; ils ont classé les monuments dans un ordre chronologique ; mais au lieu de placer les monuments inachevés à l'époque du Déluge et de remonter aux époques plus reculées, ces historiens ont commencé par les époques les plus reculées, et après avoir dit que les beaux-arts étaient arrivés à un très-haut degré de perfection, ils ont prétendu qu'ils étaient tombés en décadence, et cela bien qu'on ne puisse trouver aucune preuve à l'appui de cette assertion (1).

Les objets symboliques, tels que le navire sacré, le globe ailé, l'ἱέραξ avec Osiris et Isis, la statue à tête de bélier, Typhon, etc., ont trouvé chez les archéologues des significations qui, en raison de leur fausseté, n'ont pu être expliquées que par des hypothèses fausses ; tant il est vrai qu'une première erreur en engendre nécessairement au moins une seconde.

(1) Le Déluge a produit une interruption subite des travaux; 2000 à 3000 ans après le Déluge, l'Égypte a été repeuplée, et les travaux ont recommencé, mais avec une activité bien moindre qu'à l'époque du Déluge.

III. HABITANTS DE L'INDE AVANT LE DÉLUGE.

§ 301. Depuis l'apparition des pluies, les champs ont été inondés; les habitants de ces champs, formant plusieurs milliers de peuplades, ont péri, et les seules qui ont survécu sont celles qui se trouvaient sur les parties équatoriales des îles et des continents.

L'hémisphère nord a été peuplé par les descendants des peuplades, 1° de Malacca, 2° de l'Afrique et de l'Amérique.

L'hémisphère sud a été peuplé par les descendants, 1° des peuplades des îles de la Sonde, et 2° de celles de l'Afrique et de l'Amérique.

Lorsqu'au bord de la mer la nourriture devint insuffisante pour les habitants, dont le nombre s'était accru, plusieurs familles allèrent chercher la nourriture naturelle dans l'intérieur du pays qui, dans le principe, était composé de grands lacs contenant des îles et des presqu'îles, et séparés les uns des autres par des isthmes. Sur les continents, on se nourrit d'abord de substances végétales et animales comme au bord de la mer et comme le font aujourd'hui les peuplades sauvages. Les peuplades de Malacca adoptèrent la vie nomade avant de sortir de la presqu'île, de sorte qu'aucune peuplade ne resta à l'état primitif, qui consistait à se nourrir exclusivement des produits de la chasse, de la pêche et des plantes. Au contraire, en Afrique, en Amérique et dans tout l'hémisphère sud, on rencontre rarement des peuplades nomades, presque toutes vivent à l'état sauvage et ne font usage que de nourriture naturelle.

Au moyen des noms géographiques et de leur signification (1), on a découvert que la peuplade qui, en sortant

(1) Pour rendre plus évidente la coïncidence qui existe entre la signification des

de Malacca, a dévié vers l'ouest, parlait la langue slave (§ 51). Les descendants de cette peuplade ont pu se multiplier à cause de la grande étendue de l'Inde ; c'est ainsi que s'en sont formées trois nations homoglottes très-nombreuses. A leur sortie de Malacca, les Slaves, les Latins et les Germains ne formaient qu'une seule et même peuplade ; mais à cause des lacs et des isthmes, en cherchant des pâturages pour leurs troupeaux, les uns se fixèrent à l'ouest, les autres à l'est et d'autres au milieu.

Ces derniers ont créé le dialecte latin, ceux de l'est le dialecte germanique, et ceux de l'ouest le dialecte slave. Les subdivisions postérieures des descendants, qui s'étaient multipliés et répandus dans des pays éloignés, ont donné naissance à plusieurs dialectes tirés de chacun de ces trois dialectes. Ainsi les habitants de l'Europe, les Slaves, les Latins, les Germains, sont les descendants de la peuplade dont les ancêtres ont vécu dans la partie équatoriale de Malacca, où a été formé le couple primitif du genre humain.

A. DISPERSION DU GENRE HUMAIN ET DE LA ZONE TORRIDE.

§ 302. En sortant de la presqu'île Malacca, les peuplades qui avaient dévié vers l'ouest prospérèrent, tandis que celles qui s'étaient avancées vers le nord mouraient. On donna à ce pays le nom de *Birman*, mot qui, lu de droite à gauche, et en prononçant le *b* comme un *v*, *na mriv*, signifie en langue slave *vers mourants*.

---

noms géographiques et la direction de la peuplade [illegible] je donnerai l'explication suivante :

[illegible] = [illegible]

H[illegible] = [illegible]

[illegible] = [illegible]

Au bout de plusieurs milliers d'années, l'homme put s'acclimater jusqu'au point de supporter la pression barométrique qui s'est exercée à la latitude de 36 degrés, qui a été la limite de la zone habitable par le genre humain avant le Déluge. Memphis, Palmyre, Ninive et d'autres villes florissantes avant le Déluge se trouvent toutes dans cette zone. Au delà de cette latitude, il n'existe sur aucun continent de traces d'habitants arrivés à un haut degré de civilisation. Les restes sporadiques d'homme trouvés dans l'Europe occidentale prouvent son existence avant le Déluge. L'absence de cités et de monuments en Europe nous fait voir que l'homme ne pouvait pas s'y multiplier; ceux qui y venaient mouraient sans laisser de descendants : il leur arrivait ce qui arrivait aux peuplades de Birmans avant le Déluge.

Origine de l'agriculture. La densité des habitants augmentait toujours, et la pénurie de nourriture devenait de plus en plus sensible; on savait déjà que ceux qui avançaient vers les latitudes supérieures périssaient avec leurs troupeaux. Telle a été la cause physique qui a forcé l'homme à s'occuper sérieusement à chercher un moyen de se procurer sa subsistance. Il savait déjà que les plantes se reproduisaient par semences; il n'eut plus qu'à prendre la semence et à la jeter dans les endroits éloignés où ces plantes ne se trouvaient pas. Ce travail, répété par des milliers de personnes, eut enfin pour résultat la découverte d'un mode de multiplier la nourriture au moyen de l'agriculture.

De même qu'après que l'état nomade se fut établi, on n'en conserva pas moins le mode précédent de se procurer la nourriture par la chasse et par la pêche; de même, après que l'état agricole se fut établi, on conserva cet état primitif et aussi l'état nomade, dans certaines limites cependant, parce que l'agriculture a conduit les familles à se fixer dans les pays cultivés. C'est ainsi que se sont établies des habitations où l'on se secourait mutuellement en cas d'invasions des peuplades nomades demi-sauvages en Asie, comme en faisaient en Afrique les peuplades tout à fait sauvages.

Les nombreuses forteresses de l'Asie, comme celles de l'Égypte, servaient à se défendre contre les invasions des peuplades de ce genre. Au temps de Xénophon, ce grand nombre de forteresses sur les rives de l'Euphrate étaient en ruines. Dans quelques-unes des enceintes des temples, on trouve encore des blocs de 20 mètres de longueur et de 5 mètres de largeur. On voit par là combien était grande la densité des habitants et quelle importance avaient les forteresses; l'absence de telles forteresses dans l'intérieur de l'Inde prouve qu'elles n'étaient pas nécessaires. A côté du grand nombre de forteresses observées de loin par Xénophon, je rapporterai, à titre d'exemple, les ruines de Palmyre et de Ninive, villes florissantes situées à l'extrémité de la zone habitable par l'homme avant le Déluge.

Palmyre ou Tadmor. Jusqu'en 1691, on ne connaissait pas les ruines de cette ville ancienne, dont la latitude nord est de 35° 25′, située sur un plateau peu élevé au-dessus du désert. Cette ville avait deux enceintes; l'enceinte extérieure avait trois lieues d'étendue, et l'enceinte intérieure une lieue; celle-ci renfermait les édifices publics. Le mur était flanqué de tours; aucune ruine de la Grèce et de l'Italie n'égale en étendue et en magnificence celle de Palmyre. Les morceaux sont au nombre de 43, non compris une infinité de fûts de colonnes, de scupltures et d'autres débris couchés et presque ensevelis dans le sable; les principaux sont les restes d'un temple du Soleil.

On voit en entier un mur de la cour du temple avec un rang de douze croisées magnifiques, entre lesquelles est un pilastre de l'ordre corinthien contenant un entablement entièrement conservé. Plus loin sont les restes d'une arcade magnifique d'où ressort une colonnade de 1333 mètres de longueur terminée par un superbe mausolée.

Devant cette colonnade se trouvent les restes d'un petit

temple et de son portique ; tout à côté sont ceux d'un autre temple dont on voit le péristyle, et près de là s'élèvent quatre colonnes avec leur entablement. On trouve aussi debout plusieurs autres colonnes.

Au sommet d'une montagne, au nord-ouest, est un château turc en ruine entouré d'un fossé profond taillé dans le roc.

Cette ville est maintenant habitée par une trentaine de familles arabes. A 6 kilomètres sud-est est la vallée du Sel. Dans ce pays, 2000 à 3000 ans après le Déluge, Abraham, avec les 318 hommes nomades de sa maison, a vaincu l'armée des trois rois qui n'était pas supérieure à celle du vainqueur. C'est entre l'époque de ce combat historique et celle à laquelle Palmyre était une ville florissante que le Déluge a eu lieu.

Ninive. Cette ville, de 36° 10′ de latitude, est située sur la rive occidentale du Tigre, au nord-ouest de Babylone ; elle avait 45 kilomètres de circonférence, des murs hauts de 30 mètres sur lesquels trois chars pouvaient marcher de front, des tours de 70 mètres de hauteur. Les monuments de Ninive sont couverts d'une couche de sable d'une dizaine de mètres d'épaisseur ; jusqu'à présent, on en a extrait une grande quantité, et il y en a encore mille fois autant. Cette ville était florissante avant le Déluge ; dans leur état actuel, Ninive, Palmyre, Thèbes, etc., se trouvent ensevelies dans le sable comme la ville de Pompéi est ensevelie dans la cendre et comme Herculanum a été englouti dans la lave. Sans connaître l'origine de la couche de sable et du renversement général des murs, des colosses, des colonnes, des statues opérés simultanément, les historiens, guidés par les récits des habitants postdiluviens, ont inventé mille hypothèses logiques qui, avec le temps, ont acquis la valeur d'une réalité incontestable. Il est donc nécessaire de mettre le lecteur en état de se faire une idée exacte, 1° de l'état des habitants de la zone jusqu'à 36 degrés de latitude avant le Déluge, et 2° de la cause qui a occasionné le renversement des objets et qui a apporté une seule couche épaisse et compacte de sable pour les ensevelir.

B. Beaux-arts et astronomie dans l'Inde.

§ 303. Dans l'Inde, les temples renferment des peintures et des sculptures comparables à celles de l'Égypte. Comparativement à l'étendue de l'Inde et de l'Égypte, les objets d'art et les temples sont beaucoup moins nombreux en Asie qu'en Égypte; cependant, les uns et les autres sont contemporains. A une distance de quelques centaines de mètres de la petite ville d'Ellora, les collines disposées en amphithéâtre sont creusées, les caves sont ouvertes vers l'occident; position qui a protégé ces caves contre la nuée de sable portée du sud au nord, comme cela a eu lieu pour le temple d'Isis en Nubie.

Les monuments souterrains d'Ellora sont très-vastes, très-nombreux, très-variés; ils sont le résultat d'un grand nombre de siècles et d'un grand nombre d'artistes. Les visiteurs les trouvent aussi bien conservés que si ces objets d'art venaient d'être terminés. Tout paraît être contemporain, et nulle main profane ou barbare n'a rien mutilé. Cela est dû à ce que ces caves ne contiennent rien qui ait quelque valeur pour les barbares. Chaque visiteur s'y trouve transporté à une époque très-éloignée, alors que le pays était plus peuplé et plus civilisé qu'aucun autre en Asie.

Les monuments de l'Égypte sont contemporains de ceux de l'Asie; la bataille livrée tout près de la rive d'un grand fleuve ne l'a pas été dans l'embouchure du Gange, mais dans celle de l'Indus. Plusieurs faits viennent à l'appui de cette assertion. 1° Le nom géographique du pays *Beloutchistan* qui, lu de droite à gauche, comme c'est encore l'usage en Orient, signifie *sur eux comme lion* (§ 51). 2° On voit en Égypte, dans le tableau de la bataille, des lions percés de dards. 3° Dans le zodiaque, les Indiens ont figuré par un lion le signe où était alors le solstice, et ce signe a été adopté par les Égyptiens, ainsi que presque tous les autres signes inventés par les Indiens.

Différente hiérocratie en Egypte et dans l'Inde. En Égypte, les prêtres étaient propriétaires des terres et les paysans les cultivaient; dans l'Inde, les paysans étaient propriétaires de la terre et les prêtres ont vécu des offrandes, et l'excédant de ces offrandes a servi à construire les temples. Les prêtres n'étant pas forcés de travailler, se sont livrés à l'observation du mouvement des astres, et ils ont donné à la planète *Jupiter* un nom en rapport avec sa grandeur et à la planète *Mars* un nom en rapport avec sa couleur, comme on le verra plus bas.

§ 304. **Phénix.** L'allégorie de cet oiseau a été expliquée ci-dessus. Je ferai remarquer que les habitants du bord de la mer équatoriale dans la presqu'île Malacca ont vu périr dans les ondes les habitants des champs, et qu'ils ont raconté ce grand événement à leurs enfants.

La réduction en cendres de ce corps indique la disparition des habitants de la Terre, dont il n'est resté qu'un très-petit nombre.

La régénération de l'oiseau par ses restes indique la multiplication du genre humain à l'aide du petit nombre d'individus qui ont survécu.

I. Par l'unique couple primitif, le genre humain s'est accru jusqu'à l'apparition des pluies et l'inondation des champs qui en détruit les habitants.

II. Le faible reste des habitants des continents a produit un deuxième accroissement jusqu'au Déluge, qui a été la deuxième destruction.

III. Depuis le Déluge, le genre humain a produit son troisième accroissement.

Le corps de l'oiseau appelé phénix indique le genre humain, qui a été détruit et a péri dans les champs inondés. Le petit nombre d'individus qui ont survécu ont régénéré le genre humain. Il en résulte que cette allégorie a été composée plusieurs centaines de siècles après les inondations précitées, alors que le genre humain s'était multiplié et était redevenu aussi nombreux qu'il l'était dans le principe. Depuis le Déluge, le genre humain s'est accru comme il l'avait fait déjà deux fois.

IV. HIÉROGLYPHES DE L'ÉGYPTE ET ALPHABET DE L'INDE.

§ 305. J'ai montré qu'il n'y a de différence entre l'homme et l'animal que par le langage; un langage n'est que l'assemblage d'un grand nombre de cris employés comme représentants des objets qui produisent des sentiments sur un ou plusieurs organes des sens. Il y a donc une combinaison de fluides arrivant des objets aux organes des sens et des fluides échogènes arrivant simultanément à l'organe du sens de l'ouïe. C'est au moyen de cette combinaison qu'il se forme des couples de sentiments nommés *synesthèmes;* le fluide d'un élément de ces couples amène le fluide de l'autre élément; la coordination des éléments d'une espèce amène la coordination des éléments correspondants de l'autre espèce. C'est à cette coordination que remonte l'origine des beaux-arts, qu'on ne trouve pas chez les animaux alogues, pas plus qu'on ne les trouvait chez l'homme tant qu'il fut dans l'état alogue.

L'homme devenu logique est parvenu à communiquer ses idées au moyen du dessin, en représentant la forme de l'objet sur lequel il voulait appeler l'attention. Toutes les peuplades composant le genre humain ont acquis sur le bord de la mer équatoriale : 1° un langage propre, et 2° le moyen de communiquer leurs idées par le dessin. Ces deux progrès se sont maintenus jusqu'à présent chez toutes les peuplades.

§ 306. **Hiéroglyphes**. Les descendants des cinq peuplades qui ont formé cinq grandes nations ont senti le besoin de se communiquer non-seulement les objets, mais encore le rapport de ces objets avec le temps, avec l'espace, avec la qualité, avec la quantité, etc. Ainsi, l'on est convenu d'indiquer ces sortes de rapports par des dispositions différentes des objets peints ou sculptés, de sorte qu'au lieu d'indiquer un objet on est parvenu à énoncer une phrase. On a agi dans ce cas comme on le fait à l'aide des dix chiffres arithmétiques, au moyen desquels on peut communiquer aux autres tel nombre qu'on veut, du moment qu'ils connaissent la valeur attribuée à chaque chiffre selon la place qu'il occupe. Ces nombres deviennent alors intelligibles en dehors de toute espèce de langage.

Les hiéroglyphes représentent la forme d'un nombre n d'objets connus; ce nombre n des objets correspond aux dix chiffres arithmétiques 0, 1, 2, 3, 4, 5, 6, 7, 8, 9. La convention de l'arrangement des figures de n objet correspond à la convention de l'arrangement des dix chiffres arithmétiques. Tous ceux qui connaissent cette convention et qui voient la figure des objets avec leur disposition sont donc capables de comprendre les hiéroglyphes quand même ils ne connaîtraient pas la langue de celui qui a exposé ses idées au moyen des figures de quelques objets, s'il a disposé ces figures conformément à des règles dont la signification est connue.

Les hiéroglyphes sont le seul moyen qu'ont les individus hétéroglottes de se communiquer leurs idées, pourvu qu'ils aient appris d'abord la signification de la distribution des formes des objets. Il est possible, après avoir adopté comme éléments un nombre n de formes d'objets, d'adopter une distribution de ces éléments pour indiquer tous les rapports qui existent entre ces objets. Celui qui entreprendrait ce travail doit connaître à fond, 1° les formes qui entrent dans les hiéroglyphes, dont les archéologues ont deviné quelques-uns, et 2° encore les gestes des sourds-muets.

Les hiéroglyphes ne doivent pas être comparés à des *rébus;* ce ne sont pas non plus des espèces d'*énigmes,* car les figures des objets sont répétées d'après certaines règles de convention. Tous ceux qui connaissent ces règles peuvent lire les hiéroglyphes.

§ 307. **Alphabet phonétique.** Au moyen de diverses dispositions d'un nombre *n* de figures d'après quelques règles convenues, on aurait l'avantage de trouver le moyen de communiquer ses idées à des individus hétéroglottes ou à des gens parlant des dialectes différents d'une langue : cependant on est forcé de rester dans les limites restreintes ; par exemple, un ouvrage original comme celui-ci ne pouvait aucunement être écrit en hiéroglyphes, car les objets qui y sont exposés sont entièrement inconnus, et par conséquent on ne les trouverait pas parmi les objets élémentaires.

Au moyen de l'alphabet, on a l'avantage de rapporter tous les détails d'une conversation ; ainsi les Indiens possédaient des bibliothèques composées de plaques sur lesquelles était sculptée la description des événements. En Égypte, on désignait quelques scènes des événements et on les accompagnait de quelques hiéroglyphes. Ceux qui parlaient différents dialectes pouvaient comprendre les hiéroglyphes, tandis que cela était impossible aux Indiens. Il y avait donc parmi les prêtres une langue commune écrite. Ceux qui parlaient différents dialectes devaient apprendre cette langue pour comprendre les inscriptions.

La langue écrite des Indiens avant le Déluge s'est conservée : 1° dans les noms géographiques ; 2° dans les sculptures des monuments de Ninive ; 3° dans les noms *angracka iohitanga*, *vrihaspati* des planètes Mars et Jupiter (1) ; 4 dans le nom *kintschindjinga* de la montagne de l'Himalaya (§ 51') ; 5° dans les noms propres Darius, Novohodonasor, Nebucadnetsar (2).

---

(1) En lisant de gauche à droite, on a *vrih as pati* = coryphé moi seignor ; au contraire, en lisant de droite à gauche on a *agna tihoi* = feu calme ; *kara agna* = il mène feu ; *agni i duih cstuik* = du feu et des jours domicile.

(2) Dar-ius, dar-don ; Novohodo na sor = nouvelle marche vers Syr ; Nebu ca dne tsar = du ciel avec du jour roi

Dans le chapitre suivant, je parle des descendants qui ont survécu au Déluge; c'est là que je fais voir qu'il existe un rapport entre la forme des chiffres de l'alphabet et la signification des cris.

En comparant la forme des chiffres de plusieurs alphabets, les archéologues sont parvenus à découvrir la prononciation des chiffres de l'alphabet cunéiforme de Ninive. En remplaçant donc les chiffres cunéiformes par les chiffres habituels, on est arrivé à écrire les mots de manière qu'ils soient lisibles pour tout le monde.

Les archéologues ne connaissant pas la langue écrite à Ninive avant le Déluge, ne purent savoir s'il fallait lire les lignes, 1° de gauche à droite, 2° de droite à gauche, ou 3° en direction alternative, ce que semblerait indiquer la voie suivie par la charrue pendant le labour.

J'ai trouvé dans les monuments de Ninive du musée du Louvre, à Paris, des inscriptions qui prouvent qu'en écrivant on suivait des directions alternatives, par exemple :

Novohodonosor, Sardanapale Khorsabad	au lieu de	daba s' rohk.
Vrih as pati Iohit anga	—	agna tihoi,
Kintschind i inga	—	agui i dnih cstnik.

Ceux qui ignorent la langue slave ne peuvent pas apprécier les démonstrations données à l'égard de l'identité de la langue slave actuelle, surtout du dialecte thraco-macédonien, 1° avec la langue parlée par la peuplade qui, sortant de Malacca, a dévié vers l'ouest, et 2° avec la langue écrite de Ninive.

Il se trouvera un jour des archéologues thraco-macédoniens qui découvriront l'histoire des ancêtres des habitants actuels de l'Europe, alors que ces ancêtres occupaient l'Inde avant le Déluge.

§ 308. **Alphabet helléno-hiérographique.** Il y a dans la langue hellénique un rapport entre la forme des chiffres de l'alphabet et la signification des mots qui en sont composés. J'en parle dans la *Physique* (t. IV, p. 287).

Les voyelles A, E, H, I, O, ου, ω ont des formes qui correspondent à celles que prennent la bouche et la langue pour les prononcer.

Les consonnes B, Γ, Δ, Z, Θ, K, L, M, N, Π, P, Σ, T, Φ, X ont des formes qu'un couple d'hommes pourrait produire par diverses positions.

En lisant l'alphabet de droite à gauche, on commence par l'oméga (ω), qui signifie *je* ou *moi*, et l'on finit par l'alpha (A), qui signifie les objets extérieurs qui produisent une impression et une sensation.

L'*iota* (I) est composé de la répétition d'une chose ; cette chose étant un cri, donne la prononciation de l'iota ; si la chose est un pas, sa répétition est une *marche*.

L'*oméga* avec l'*iota* (ἴω) est ω = moi et ἰ = marche, je marche = ἴω.

Le *tau* (T), qui a la forme d'une balance ou celle d'un individu qui en porte un autre sur sa tête, indique la justice. Ainsi Τίω, composé de l'*oméga* avec l'*iota* et le *tau*. signifie *je fais justice*, ici l'*iota* indique la répétition de l'action.

Le *tau* renversé (⊥) indique la permanence; le *tau* droit avec le *tau* renversé donnent la forme ⊤⊥; les deux *tau* dans cette position sont Τάνά ⊥ (θάνατος) qui signifie *mort* (ce mot renversé est trom = Τρόμος, qui signifie *trembler craignant*). Les deux *tau* (⊤⊥) étant prononcés T, TodT ou *tau* de *tau*, signifient aussi *mort* (Todt) en langue germanique.

Le *pi* (Π) est composé de deux *tau* rapprochés, ainsi il forme deux pieds; pour indiquer l'animal représentant les quadrupèdes, on a employé deux *pi* (ΠΠ), et la marche du quadrupède a été indiquée par ἰ; ainsi le mot ἼΠΠΟΣ est une espèce d'hiéroglyphe qui indique un quadrupède qui marche. Dans la langue grecque moderne on appelle le cheval ἄλογον, quoique tous les animaux soient alogues.

Tels sont les faits qui concordent, 1° avec les noms scientifiques πυραμίς, σφίγξ, ὀβελόσκος; ζωδιακός; 2° avec les noms des divinités ἱέραξ, Ὄσυρις, Ἶσις, Ἄρις, Τυφών; 3° avec les nom de villes Μέμφις, Ἄβυδος, Θῆβαι, etc. Le mot SUEZ, lu de droite à gauche, fait ZEUS (1).

Les Hellènes actuels sont les descendants de ceux qui se sont trouvés dans l'Égypte après le Déluge, car les habitants de l'Inde et de la Nubie ont péri au moment du Déluge. Il n'est resté que les habitants de l'Abyssinie et du Sennaar, parmi lesquels se trouvait une branche nomade d'origine hellénique, reconnaissable par son dialecte. Après le Déluge, les descendants de cette peuplade se sont répandus en descendant la vallée du Nil. Lorsque l'Égypte a été peuplée par des laboureurs, la peuplade nomade ne pouvant plus y trouver de pâturages pour ses troupeaux, est passée en Asie, et de là ses descendants se sont répandus dans toute l'Europe. Les Hellènes actuels appellent ces descendants *Égyptiens*, Γύφθοι; les Slaves et les Allemands les appellent *Tsigans;* en France, on les connaît sous le nom de *Bohémiens.* Tsigan = na gist = en masse.

Le dialecte de ces Tsigans et celui parlé en Égypte, dialectes dans lesquels sont écrits avec des lettres alphabétiques les rouleaux de papyrus, ont plus de rapprochement entre eux qu'avec la langue hellénique connue des archéologues. La signification hiéroglyphique des chiffres de l'alphabet et la signification des mots composés avec ces chiffres sont les éléments d'une langue universelle que les Hellènes ont voulu composer; c'est pourquoi il n'y a aucune langue comparable à la langue hellénique.

---

(1) Le nom φοίνιξ écrit *fénic-s*, lu de droite à gauche *cinef*, signifie *bleuâtre* en langue slave, cette épithète correspond à la couleur de l'oiseau, qui vit dans l'Inde où étaient les Slaves.

V. INFLUENCE DU CLIMAT SUR LE MODE DE FORMATION DES RACES HUMAINES.

§ 309. Les descendants de l'unique couple du genre humain vécurent d'abord autour des deux bords parallèles de la mer équatoriale ; les saisons, les flores et les récoltes s'y succédaient d'une manière invariable. Le genre humain resta dans cette zone équatoriale d'abord à l'état alogue, comme un troupeau d'animaux, sans offrir aucune différence de physionomie, encore moins quelque apparence de races.

Après l'occupation de toute l'étendue habitable, la vie errante cessa, et il se forma des milliers d'habitations, composées chacune de quelques dizaines de familles. Dans chaque habitation il se créa un langage particulier qui devint un lien entre les membres homoglottes de chaque habitation ; ces membres composèrent une peuplade propre qui en engendra des milliers. D'herbivore qu'il était par nature l'homme, quand la nourriture végétale devint insuffisante, commença à se nourrir de la chair des poissons et des quadrumanes. Tous ces changements communs chez le genre humain n'ont produit aucune différence dans la physionomie des peuplades.

Depuis qu'il commença à pleuvoir autour de l'Himalaya, la majeure partie des peuplades périt. Plusieurs de celles qui restèrent dans l'hémisphère sud furent forcées de commencer à se nourrir de la chair des émigrants ; de sorte que parmi les peuplades qui échappèrent aux inondations, celles de l'hémisphère sud devinrent *anthropophages* et les autres restèrent *omnivores* comme précédemment, et cela sans que leur physionomie éprouvât aucun changement.

§ 310. **Rapport des races avec les climats.** J'ai démontré que le fluide barogène détermine l'appareil de translation. Ce qui établit une distinction entre les races consiste : 1° dans les détails de l'appareil de translation, et 2° dans le changement de teinte qui résulte d'un dépôt de pigment dans l'épiderme, dépôt occasionné par la chaleur lumineuse du Soleil. Les plaines ou les montagnes produisent des changements dans l'appareil de translation. Le manque d'une nourriture suffisante donne à la physionomie un aspect triste et sombre, et les individus soumis à des privations deviennent faibles, chétifs et impropres à la reproduction.

Les habitants des pays unis et arrosés, hommes ou animaux, ont une taille élevée, des jambes longues propres à faire de grands pas. Les habitants des montagnes, au contraire, sont de petite taille, ont les jambes courtes, leurs muscles sont composés d'un grand nombre de filets. Cette structure ne leur permet que de faire de petits pas, mais ces pas sont fréquents.

Après l'apparition des pluies, les descendants de chaque peuplade qui sont restés sur les continents se sont dispersés dans les latitudes supérieures, où ils se sont trouvés dans des pays unis, secs, marécageux, montagneux. Les habitants ne se sont multipliés que dans cinq parties de la Terre où l'agriculture s'est introduite; partout ailleurs le nombre des habitants n'a ni augmenté ni diminué, car il s'est trouvé borné par la quantité de nourriture naturelle végétale ou animale. L'insuffisance de nourriture rend l'homme chétif, sombre, ce qui lui donne une physionomie semblable à celle qu'on voit en Égypte dans les tableaux représentant des prisonniers des peuplades sauvages de l'Éthiopie et de l'Arabie. Dans les mêmes tableaux de l'Égypte, ainsi que dans les statues des monuments de l'Inde, on reconnaît la physionomie d'un homme qui n'a pas souffert du manque de nourriture.

La propagation du genre humain au moyen des couples composés des éléments de chaque race, a servi jusqu'à présent à prouver qu'un couple unique primitif avait été la source du genre humain. Quant à moi, je ne rapporte pas ce fait comme preuve, mais comme exemple, parce qu'il a été établi qu'avant l'apparition des pluies il n'y avait aucune différence entre les individus composant les peuplades différentes. Il n'y avait alors sur la Terre aucun individu laid.

Avant la découverte de l'agriculture, les descendants des cinq peuplades ont subi une pénurie de nourriture. C'est à cette époque que les familles composant chacune de ces cinq nations ont changé de physionomie. La ressemblance entre les individus de la même nation, bien que parlant un dialecte différent, prouve que ces individus ont vécu ensemble dans le même pays. De même, les animaux de même espèce diffèrent d'un pays à l'autre.

Les langues des peuples composés de plusieurs millions d'hommes ont des dialectes, tandis que les langues des peuplades composées d'un millier d'individus n'en ont pas; elles se sont toujours maintenues dans leur état primitif. Ainsi le genre humain, d'après les langages primitifs, a été subdivisé en peuplades composées chacune d'un petit nombre d'individus. 1° Les descendants des cinq peuplades se sont subdivisés pour aller occuper des pays éloignés; une peuplade a donné naissance à des *nations* de premier ordre, dont chacune a parlé un dialecte du langage primitif. 2° Les descendants de chaque nation de premier ordre, à mesure qu'ils se sont multipliés, se sont subdivisés pour se répandre dans les pays éloignés, et c'est ainsi qu'ont été formées les nations de *deuxième ordre* ou les peuples.

A leur sortie de Malacca, d'après les trois noms géographiques, Hindoustan, Japon, Birman, on voit que la peuplade déviant vers l'ouest parlait la langue slave. Cette peuplade était alors composée d'un petit nombre d'individus, lesquels parlaient un langage composé seulement d'une centaine de mots. Les descendants de cette peuplade, en se multipliant, ne purent trouver tous des ressources suffisantes pour se nourrir dans leur pays natal, et plusieurs d'entre eux se dispersèrent dans des directions différentes en formant autant de branches. Chacune de ces branches concourut, suivant sa convenance, à augmenter le nombre des mots, et créa des représentants logiques des nouveaux objets que chacun rencontrait dans le pays où il se trouvait, et que n'avaient pas les autres pays ou dans lesquels les mêmes objets avaient d'autres noms.

Ainsi, les descendants de chacune des branches primitives ont créé des dialectes propres, et c'est avec ces dialectes que la peuplade primitive parlant la langue commune de ses ancêtres a donné naissance à trois nations, les *Slaves*, les *Latins*, les *Germains*, parlant trois dialectes différents et occupant des pays différents. Le climat de chaque pays a influé sur la physionomie des habitants, de sorte que les individus des trois nations se sont trouvés différer tout à la fois de dialecte et de physionomie.

Les descendants de chacune de ces trois nations, à mesure qu'ils se multiplièrent, durent se disséminer et former autant de branches que les différents pays le permirent.

I. Les individus composant la nation latine, en se propageant vers le nord, occupèrent une bande de terrain. On verra plus bas que les Français sont restés en place. Au nord de la partie qu'ils occupaient, vinrent les Espagnols; au nord de la partie occupée par ceux-ci, les Italiens, et au nord de la partie occupée par ces derniers, les Daces. Du côté ouest de cette colonne latine était la colonne slave et du côté de l'est était la colonne germanique.

II. Les individus composant la nation germanique, en se propageant vers le nord, ont laissé à leur place leurs ancêtres composés d'Anglo-Saxons. Au nord de la partie occupée par ceux-ci étaient les Flandrins; au nord de la partie occupée par les Flandrins étaient les Hollandais, et au nord de la partie occupée par ceux-ci étaient les Allemands ; de sorte que c'est d'après les dialectes secondaires de chacune des deux nations de premier ordre qu'il s'en est formé quatre de second ordre.

III. Les individus composant la nation slave se propagèrent vers le nord. A l'est de la partie qu'ils occupaient était la colonne latine, et à l'ouest les Syrs, habitants de l'Arabie, descendants d'une peuplade d'Afrique. En contact avec les Syrs, les Russes (1) restèrent en place ; au nord étaient les Polonais, puis les Jchehs, les Moraves, les Croates, les Dalmates, les Serbes, les Hellènes (2). A l'extrémité nord de cette colonne étaient les Thraco-Macédoniens ; ceux-ci, avant le Déluge, s'étendaient jusqu'à Ninive depuis la zone équatoriale. Ainsi, la nation slave en a produit neuf autres de deuxième ordre, qui ont adopté autant de dialectes créés par les habitants de pays différents, mais ayant tous pour ancêtres les individus composant la nation slave.

Avant le Déluge, tout pays situé au delà de 36 degrés de latitude était inhabitable pour l'homme et pour ses troupeaux. Les descendants des nomades, après s'être multi-

---

(1) Le mot *Russe* est écrit *Ryss*. Si on lit ce mot de droite à gauche, on trouve *s Syr*, ce qui signifie *avec les Syriens*.

(2) Avant le Déluge, quelques familles d'Hellènes se trouvaient à Suez à une époque où l'Égypte était composée de lacs séparés par des isthmes, alors que le Nil se jetait de la Nubie dans la mer Rouge. Au fur et à mesure que les lacs furent comblés, les Hellènes se propagèrent en Égypte et arrivèrent en Nubie, où ils se rencontrèrent avec les descendants de la grande nation abyssinienne, lesquels étaient agriculteurs et pratiquaient un culte, de même que les Hellènes restés en Égypte sont devenus laboureurs.

Lorsque, 7000 ans avant le Déluge, le Nil brisa l'isthme qui séparait l'Égypte de la Nubie, ce fleuve s'ouvrit un lit à travers le bassin comblé pour se jeter dans la mer Rouge par la vallée transversale la plus voisine de Thèbes. La vallée du Nil devint une voie facile de communication entre la Nubie et l'Égypte.

Les descendants de la nation abyssinienne se propagèrent vers le nord en suivant la vallée du Nil et arrivèrent dans l'Égypte déjà occupée par les Hellènes ; ceux-ci leur cédèrent leurs terres pour les cultiver, à la condition de partager les récoltes avec les laboureurs. Ainsi les Hellènes étaient investis de toutes les fonctions sacerdotales, politiques et militaires. Je donne plus bas les détails de la prise de possession de l'Égypte par les Hellènes.

pliés, périrent faute de trouver les moyens de se nourrir. C'est après avoir enduré les tourments de la famine que l'homme est parvenu à inventer l'agriculture (1).

Les ancêtres des habitants actuels de l'Europe avant le Déluge étaient donc laboureurs et avaient un culte.

§ 311. **Habitants de la Terre avant le Déluge d'après l'Ecriture.** L'histoire du genre humain exposée dans la Genèse est exacte à la vérité, mais elle est très-incomplète ; aussi, comme les récits des faits sont incompréhensibles, ces faits ont paru fabuleux. Ces récits de l'Écriture, une fois complétés, se sont trouvés parfaitement d'accord avec l'histoire du genre humain exposée ici d'après la loi de la Physique. On lit dans le chapitre V de la Genèse :

Adam vécut 130 ans et engendra un fils auquel il donna le nom de *Seth*.

Seth aussi vécut 105 ans et engendra Énos.

Énos ayant vécu 90 ans, engendra Kénan.

Kénan ayant vécu 70 ans, engendra Mahalaléel.

Mahalaléel aussi vécut 65 ans, et il engendra Jered.

Jered ayant vécu 162 ans, engendra Hénoc.

Hénoc aussi vécut 65 ans et engendra Méthusela.

Méthusela ayant vécu 187 ans, engendra Lemec.

Lemec aussi vécut 182 ans, et il engendra Noé.

Noé, âgé de 500 ans, engendra Sem, Cham et Japhet.

On voit par là que le Déluge arriva 1558 ans après la formation du couple primitif du genre humain. Dans le chapitre IX on trouve des détails sur la postérité de Sem jusqu'à Abraham, d'où il résulte que celui-ci naquit 300 ans

(1) Avant le Déluge, il n'y avait pas de pays froids dans les régions polaires ; alors la race des Esquimaux n'existait pas. Les individus de cette race ont une structure cubique et un grand poumon, dans lequel vient en contact l'air froid inspiré avec l'air chaud provenant de l'inspiration précédente. Ces masses d'air en se combinant produisent de l'eau et de la chaleur, précisément les deux éléments qui manquent dans les régions polaires. (Voir *Physique*, liv. VI et *Physicophysiologie*.)

après le Déluge, tandis qu'ici il est prouvé que les Pharaons ont régné de 2000 à 3000 ans après la dernière dynastie et après le Déluge. Ainsi, on voit clairement l'absence complète d'exactitude chronologique dans la Genèse; cela ressort aussi de la durée attribuée à la vie de l'homme dont la fécondité ne différait pas de la fécondité actuelle, et auquel cependant la Genèse suppose une existence d'une durée dix fois plus longue qu'elle ne l'est en effet.

Ce qui est de la plus haute importance, c'est que Noé était laboureur avant le Déluge, car immédiatement après il commença à planter la vigne (chap. IX, 20). Ainsi, il est bien prouvé que Noé avait un culte que ses descendants ont suivi, même lorsqu'ils ont abandonné l'agriculture, qui exige un travail pénible, et ont embrassé la vie pastorale qui était devenue praticable après le Déluge, quand il y avait des pays inhabités.

Abraham n'a pas été laboureur comme Noé, mais pasteur, ainsi que ses descendants. Cependant les Hébreux, pasteurs et nomades, ont conservé le culte pratiqué par Noé, et c'est ce qui les distingue de la peuplade nomade les Γύφθοι ou Bohémiens, qui est sortie de l'Égypte sans connaître aucun culte; les Slaves les appellent *Tsigans*. Ils ne pratiquent pas de culte, mais ils se font passer pour coreligionnaires des habitants des villes où ils vivent.

En Orient, les Tsigans errants ne diffèrent pas des peuplades qui n'ont pas eu d'ancêtres laboureurs; c'est en cela qu'ils diffèrent des Hébreux. Les Tsigans ont conservé la langue de leurs ancêtres, ce qui fait connaître leur origine, tandis que l'origine commune des Hébreux s'est conservée dans le culte de leurs ancêtres, parce qu'ils parlent la langue du pays où ils vivent.

CHAPITRE III.

CHANGEMENT DE L'ÉTAT DE LA TERRE ET DE SES HABITANTS APRÈS LE DÉLUGE.

§ 312. Il y a aujourd'hui des habitants dans toutes les latitudes de la Terre; les seuls pays inhabitables sont les déserts où l'eau manque. Avant le Déluge, l'eau ne manquait sur aucune partie de la Terre, parce qu'il pleuvait partout (1); cependant ni l'homme ni ses troupeaux ne pouvaient vivre sous une latitude dépassant 36 degrés, et cela à cause de la pression barométrique des deux colonnes d'air. Les jeunes gens qui s'avançaient jusqu'à l'Europe y périssaient sans laisser ni postérité ni aucune trace d'habitations comparables aux villes dont les ruines, qui ont été conservées, sont comprises dans la zone qui ne dépasse pas la latitude précitée.

Dans les latitudes supérieures il existait des animaux qui ne se rencontraient pas dans la zone où vivaient l'homme et les animaux actuels. Au moment où les deux colonnes d'air se sont séparées de la couche d'air autour de la zone torride (2), il n'est resté sur la Terre que les habitants de la

(1) On sait que, dans le principe, les sources actuelles n'existaient pas; elles furent formées plus tard comme je l'ai montré dans le texte de l'*Atlas Météorologique*.

(2) Dans chacune des périodes précédentes, toute la masse d'air s'est séparée; avant cette séparation il ne tombait pas de pluie, de sorte qu'il n'y avait aucune solution de continuité depuis la surface de la zone torride jusqu'à l'extrémité de chaque colonne d'air. Cette solution s'est établie depuis l'apparition des pluies qui y ont été formées par l'air existant sans que toute la masse consommée fût restituée comme à présent, par une égale quantité d'air produit par l'eau des mers et la chaleur lumineuse du Soleil.

zone torride; tous ceux qui se trouvaient en dehors de cette zone sont tombés asphyxiés en conservant leur position s'ils se trouvaient à l'abri du vent.

Dans la zone torride, tous les habitants des plaines ont été noyés dans les torrents cataclystiques venant de la région équatoriale. Immédiatement après, l'air de la couche de la zone torride s'est dispersé vers les pôles; c'est ainsi qu'il s'est produit un abaissement de température dans les grandes altitudes des montagnes, dont les habitants ont succombé. Il n'est donc resté en vie que les habitants des altitudes moyennes de la zone torride.

Une fois les deux colonnes d'air séparées, elles ne furent pas remplacées par d'autres, mais la Terre se trouva entourée d'une couche sphérique d'air; la Terre ne s'est jamais trouvée dans cet état après la séparation des colonnes d'air précédentes. Dans l'Écriture (Genèse, chap. IX), il est positivement assuré qu'il n'y aura plus de Déluge sur la Terre : l'arc-en-ciel vient confirmer cette assertion.

Les géologues savaient bien qu'après le Déluge, qui a eu lieu du temps de Noé, l'ordre des faits cosmiques n'a pas de nouveau éprouvé un pareil changement; cependant ils ne pouvaient se mettre d'accord avec l'Écriture pour assurer positivement qu'à l'avenir il n'y aura plus ni déluge, ni des changements pareils à celui dont les traces sont trop évidentes pour être méconnues. Quant à l'alliance indiquée par le signe de l'arc-en-ciel, on a considéré ce fait plutôt comme une expression poétique que comme une explication physique ou symbolique.

§ 313. **Etat du genre humain après le Déluge.** Les habitants de la Terre qui se trouvaient en dehors de la zone torride ont péri asphyxiés. Peu après, l'air de la couche de la zone torride s'est répandu autour de la Terre, et c'est ainsi qu'elle est devenue habitable pour les descendants des habitants qui ont survécu dans la zone torride il y a 6000 ans. Pour que les habitants de la Terre fussent distribués comme ils le sont aujourd'hui, il a fallu : 1° que les habitants de la zone torride se multipliassent suffisamment pour en occuper tous les pays habitables ; 2° que les familles de chaque peuplade et de chaque nation qui ne trouvaient pas leur nourriture sortissent de la zone torride et parcourussent tous les pays occupés pour aller s'établir dans des pays inhabités; 3° que les descendants de ces familles, après s'être multipliés, devinssent laboureurs afin de pouvoir trouver leur subsistance dans le pays de leurs ancêtres.

L'histoire du genre humain après le Déluge embrasse trois périodes presque égales :

1° Il s'est écoulé 2000 ans avant que les descendants des habitants qui ont survécu au Déluge se soient suffisamment accrus pour occuper les pays inhabités de la zone torride.

2° Il n'a pas fallu moins de 2000 ans pour que les descendants des habitants de la zone torride se répandissent dans tous les pays inhabités.

3° Il s'est écoulé 2000 ans depuis que tous les pays déserts du monde ancien ont eté occupés, et ce sont les descendants des fondateurs primitifs de chaque État qui occupent aujourd'hui ces pays.

Les familles des trois nations sorties de l'Asie trouvèrent des pays inhabités en Europe et elles s'y établirent ; leurs descendants y sont restés jusqu'à présent.

Les peuples de l'Arabie ainsi que les Hébreux n'ont pas trouvé des pays inhabités pour s'y établir et passer de l'état nomade à l'état de laboureur.

Parmi les familles d'origine hellénique qui sont sorties de l'Abyssinie, 1° les laboureurs ainsi que les Abyssiniens ont occupé la vallée du Nil, et 2° les nomades qui n'ont pas trouvé de pays inhabités sont sortis de l'Égypte et ont été appelés par les Hellènes Αἰγύπτιοι et Γύφθοι; les Slaves les nomment *Tsigans*. Les Tsigans et les Hébreux se sont donc répandus dans toute l'Europe sans y posséder un pays à eux. Les laboureurs restèrent en Égypte comme prêtres; ils parlaient la langue des Tsigans. Ces prêtres avaient le même culte que leurs ancêtres qui possédaient l'Egypte avant le Déluge, tandis que les Tsigans restèrent nomades.

C'est avec ces prêtres d'origine hellénique que les Hellènes qui ont visité l'Égypte ont pu s'entendre et qu'ils ont appris par leurs récits l'histoire du pays, histoire qui, plus tard, a été vérifiée par les tableaux qu'on a découverts. Les archéologues ont trouvé que la cinquième dynastie égyptienne remontait à 4300 ans avant Jésus-Christ ou à 300 ans avant le Déluge; cette dynastie existait 363 ans après l'époque indiquée dans le zodiaque (§ 286). Les dynasties postérieures découvertes par les archéologues ont duré 363 ans et le Déluge a eu lieu pendant la durée de la dernière de ces dynasties.

Les annales de la Chine remontent jusqu'à 2698 ans avant Jésus-Christ ou 1300 ans après le Déluge. On voit par là : 1° que toute l'étendue de Siam était occupée par des habitants 1000 ans après le Déluge, et 2° que la Chine était peuplée depuis 1300 ans après le Déluge par les familles qui n'avaient pas trouvé les moyens de se nourrir à Siam. La distance entre Pékin et Siam est petite.

L'Hindoustan, comme Siam, a été très-peuplé 1300 ans après le Déluge par les Slaves; car l'exode de la zone torride a commencé d'abord par les familles slaves, puis par les familles latines, et plus tard par les familles germaniques. Pendant cette émigration des familles de l'Hindoustan, les Hébreux nomades venant de l'Arabie sont passés dans l'Égypte sous le règne des Pharaons (1), pendant que le pays était occupé.

Les familles qui ne trouvèrent pas à se nourrir à Siam allèrent en Chine pour occuper les pays inhabités; alors

(1) En Orient, les hommes bruns et noirs sont appelés *arap* et non *arab;* les habitants de l'Éthiopie et de l'Arabie ont cette teinte. Le mot *arap,* lu de droite à gauche, fait *para* ou *phara,* qui est le radical du nom de *Pharaon.*

tout le pays libre fut occupé par des Mongols. Les familles qui survinrent de Siam passèrent dans les îles du Japon. Les dernières familles qui arrivèrent ayant trouvé la Chine et le Japon occupés, se dirigèrent vers le nord de la Chine pour chercher des pays inoccupés.

Aujourd'hui les ressources alimentaires de la Chine et de l'Europe sont insuffisantes pour nourrir leurs habitants; aussi les familles qui n'y trouvent pas de moyens d'existence font-elles ce que faisaient il y a 3000 ans les familles qui ne trouvaient pas moyen de se nourrir à Siam et dans l'Hindoustan : elles se portent vers les pays inhabités.

I. L'ARC-EN-CIEL INDIQUANT QU'IL N'Y AURA PLUS DE DÉLUGE.

§ 314. Cet objet est d'une haute importance à cause du rapport qu'il a avec l'Écriture et la religion, d'une part, et avec la cause physique du Déluge, d'autre part. On lit dans l'Écriture (Genèse, chap. IX) :

« 11. J'établis donc mon alliance avec vous, et nulle « chair ne sera plus exterminée par le eaux du Déluge et il « n'y aura plus de Déluge pour détruire la Terre.

« 12. Dieu dit encore : C'est ici le signe que je donne de « l'alliance qui est entre moi et vous, et entre toute créa- « ture vivante qui est avec vous pour durer à toujours.

« 13. Je mettrai mon arc dans la nuée, et il sera pour « signe de l'alliance entre moi et la Terre. »

L'arc-en-ciel est produit par un effet de la réfraction des rayons solaires par les gouttelettes qui restent dans l'atmosphère après la pluie. La réfraction des rayons s'opère dans les gouttelettes en directions divergentes et produit deux arcs composés des mêmes couleurs disposées dans un ordre divergent (*Physique*, t. II, p. 658; par Newton, p. 665; son apparition, p. 665).

Avant le Déluge, alors qu'il y avait des pluies, l'arc-enciel ne pouvait pas manquer d'apparaître; d'où il résulte que l'apparition d'un arc-en-ciel n'est pas un préservatif contre le Déluge.

Cependant l'Écriture ne ment point; c'est donc à l'ignorance de l'homme qu'il faut s'en prendre. Je m'explique.

Avant le Déluge, les pluies ont commencé quand les deux colonnes d'air étaient déjà formées et que leur séparation était devenue inévitable, tandis qu'après le Déluge, du temps de Noé, les pluies ont commencé immédiatement avant que l'air s'accumulât dans les régions polaires. Les montagnes sont la cause physique des pluies; or j'ai prouvé (§ 126) qu'il n'existait pas de montagnes au commencement de la période diluvienne, par conséquent il y avait absence de pluies. Longtemps après, les montagnes ayant surgi, les pluies ont commencé quand les deux colonnes d'air existaient déjà.

Le Déluge n'ayant fait subir aucune modification aux montagnes, elles ne cessèrent pas de favoriser la formation des pluies comme elles le faisaient avant le Déluge. Il n'y a donc eu ni interruption de pluies ni accumulation d'air; par suite un nouveau Déluge est devenu impossible à cause de l'absence de deux colonnes d'air. On voit par la pression barométrique qu'il n'y a pas de différence entre la pression barométrique moyenne actuelle et celle d'il y a un siècle, car la quantité d'air transformée en eau tous les ans est remplacée par une égale quantité d'air produit par l'eau (1). Les météorologistes allemands pour expliquer l'*exhydatose* de l'air disent: *Es brichte en Wasser* (*il se change en eau*), sans oser affirmer que c'est l'air qui se change d'abord en vésicules qui ont pour enveloppe une couche d'eau. Lorsque le vent pousse les vésicules les unes sur les

---

(1) Rigoureusement parlant, il y a même à présent une accumulation d'air dans les régions polaires; cette accumulation produit : 1° une diminution de l'éloignement de la chaleur et par suite une élévation de température, et 2° une pression barométrique qui, dans les grandes latitudes, est supérieure à celle des latitudes inférieures. L'élévation de température est prouvée : 1° par la disparition des glaciers, et 2° par les descriptions des climats qu'ont données les historiens anciens.

autres, leurs enveloppes se déchirent et prennent la forme des gouttelettes dont plusieurs unies ensembles forment des gouttes de pluie.

§ 315. **Liaison établie par la loi physique entre les actions cosmiques et les actions intellectuelles.** Après avoir prouvé qu'en effet l'arc-en-ciel est un signe qui s'accorde avec la loi physique eu égard à l'impossibilité d'un nouveau Déluge, il me semble entendre la **question** comment cette idée a-t-elle pu naître dans l'esprit de l'auteur de l'Écriture?

La réponse à cette question et à toutes les autres du même genre se trouve dans la *Métaphysique.* Pour le moment, je me bornerai à faire observer au lecteur que plusieurs individus réduits en *extase* deviennent aptes à se mettre, par leur intelligence, à l'unisson des actions cosmiques opérées d'après la loi physique. Les faits cosmiques ainsi découverts, sans avoir la même valeur que les faits exposés d'après la loi physique, ne sont pas considérés par l'homme comme ne s'accordant pas avec cette loi, et on les conserve comme des dogmes.

Jusqu'ici personne ne savait comment le couple primitif du genre humain a été formé d'après la loi physique, et cependant l'idée de l'Immaculée Conception existait parmi les hommes avant et après le Déluge. On a même considéré le bœuf Apis comme engendré par un feu céleste et non enfanté comme les autres individus de son espèce.

Avant et après le Déluge, chez les Égyptiens, on considérait Apis comme étant le même qu'Osiris (o Syr = au Syrs). C'est le Dieu descendant au milieu des hommes. La mère d'Apis passait pour vierge même après avoir enfanté. Ce n'était pas par le contact du mâle qu'Apis avait été formé dans le sein de sa mère. Phtah, la sagesse divine personnifiée, avait pris la forme d'un feu céleste et avait fécondé la vache. Apis était l'incarnation d'un germe formé par des fluides impondérables, comme l'a été Adam.

J'ai déjà dit que le germe de l'individu primitif de chaque espèce animale avait été l'expansion des fluides impondérables. L'individu, d'abord neutre, acquit les parties génitales d'un individu mâle, et l'individu femelle fut produit par expermatose. Tous les deux ont été développés dans le sein d'un animal auxiliaire. La statue de *Phtah* représente la tendance d'une expansion indéfinie.

La vie elle-même n'est que l'expansion des fluides *électre* dont est composée l'âme.

Le *pycnoélectre*, l'*aréoélectre*, l'expansion de leurs molécules ont fait naître l'idée d'une Triade dans l'intelligence de l'homme avant et après le Déluge. Les dogmes sur l'Immaculée Conception et sur la Triade ont une réalité et ils servent à montrer d'une manière évidente qu'il existe une communication entre l'intelligence des individus réduits en extase et l'expansion des fluides provenant des faits cosmiques ou de l'intelligence des autres individus.

Ces faits sont connus sous le nom de *magnétisme animal* ou de *spiritisme*. Les physiciens connaissent bien l'existence des fluides impondérables, mais ils en ignorent l'origine et la nature.

II. LE GENRE HUMAIN SORT DE LA ZONE TORRIDE.

§ 316. Le Déluge a été accompagné d'une série d'actions qui ont fait périr les habitants de la Terre ; il n'en est resté qu'un petit nombre dans les altitudes moyennes de la zone torride, sans cependant qu'il y ait pour cela diminution, 1° du nombre des espèces et des genres d'habitants, et 2° du nombre des nations formées avant le Déluge.

Il a survécu des animaux de chaque espèce et de chaque genre, de même que des individus de chaque nation civilisée et de chaque peuplade anthropophage et non anthropophage. Les habitants restés dans la zone torride sont les ancêtres des habitants actuels de la Terre. Ceux qui se trouvaient dans les continents au nord de l'équateur, après s'être multipliés, se sont propagés dans l'hémisphère nord et ceux qui se trouvaient au sud de l'équateur se sont propagés dans l'hémisphère sud. Ainsi, après le Déluge, les anthropophages sont restés dans l'hémisphère sud comme ils y étaient restés avant.

Les descendants des habitants de la zone torride se sont trouvés, depuis le Déluge, dans trois positions différentes.

I. Ils se sont répandus dans tous les pays de la zone torride dont les habitants avaient péri pendant le Déluge; Siam ainsi que l'Hindoustan ont été entièrement repeuplés. Les peuplades qui se trouvaient entre ces deux pays civilisés se sont répandues, et non-seulement elles ont repris possession de la partie qu'elles occupaient avant le Déluge, mais elles se sont encore emparées des pays limitrophes.

II. Après que chaque pays de la zone torride eut été occupé par des habitants, l'émigration de leurs descendants devenait inévitable. Les familles qui ne trouvèrent dans la zone torride aucun pays inhabité où elles pussent se fixer avec leurs troupeaux furent forcées d'en sortir.

De même les autres peuplades sortirent encore de la zone torride parce qu'elles trouvèrent dans les latitudes supérieures une abondante nourriture végétale et animale. L'exode de la zone torride fut universel; l'émigration se composa des familles qui ne trouvèrent pas de pays inhabités dans cette zone.

III. Les premiers émigrés occupèrent les pays inhabités à coté de la zone torride; ceux qui vinrent après allèrent plus loin, et ainsi de suite jusqu'aux émigrés qui ne trouvèrent inoccupées que les regions polaires. Depuis l'époque où chaque peuple a occupé un pays, ses descendants n'ont pas quitté leur pays pour aller en chercher un autre, mais ils s'y sont fixés et ont dû pour cela se faire laboureurs. Les habitants des pays les moins éloignés de la zone torride sont donc devenus laboureurs comme l'étaient ceux de la zone torride, tandis que les émigrants nomades venant de cette zone ont passé par ces pays habités pour aller prendre possession des pays inoccupés.

Après le peuplement de la zone torride, il s'opéra vers les pays inhabités une émigration semblable à celle qui depuis quelques siècles a commencé parmi les habitants de l'Europe quand on eut découvert des pays inoccupés. Les premiers émigrés de l'Europe ont occupé les pays les moins éloignés; ceux qui les ont suivis ont occupé les pays limitrophes dont le climat est le meilleur. Aujourd'hui il n'y a d'inoccupés que les pays les plus éloignés et les moins fertiles. Ces pays étant très-étendus, les colons se font pasteurs à l'exemple de ceux qui, en sortant de la zone torride, s'arrêtaient dans les premiers pays qu'ils trouvaient vacants et dont les descendants, après s'être multipliés, devenaient laboureurs.

§ 317. **Notions historiques sur les émigrants de la zone torride.** — L'Asie Mineure, la Grèce, la Thrace, la Macédoine ont été occupées par les ancêtres de leurs habitants actuels environ 2000 ans après le Déluge; depuis cette époque jusqu'au temps d'Hérodote, pendant quinze siècles il y eut des émigrants venant de l'Hindoustan pour aller occuper un pays inhabité en Europe.

De même, les émigrations actuelles de l'Europe ne seront pas terminés d'ici à mille ans.

Les historiens de Rome, de la Grèce, de la Chine ou de l'Égypte ne font aucune mention des peuples nomades; il est dit dans l'Écriture que les Égyptiens étaient cultivateurs, tandis que les Hébreux étaient pasteurs. Hérodote, habitant de l'Asie Mineure, parle des peuples nomades, *Scythes* et *Gaulois*, dont les historiens grecs de l'expédition d'Alexandre et les historiens romains ne font aucune mention.

Aujourd'hui les historiens admettent que parmi les peuples venant de l'Asie à l'état nomade, les Slaves étaient

Scythes comme étant plus nombreux et les Français étaient *Gaules*. Personne n'a pensé qu'Hérodote étant Hellène ne parlait pas la langue des peuplades qu'il avait vues ou des peuplades dont il avait entendu parler.

Les mots *Scythe* et *Gaule* ne sont pas des substantifs indiquant deux nations, mais ce sont des épithètes : *Scythe*, en grec, σκύθης, signifie *homme vêtu* en peaux, σκύτος = peau ; *gaul*, en langue slave, signifie *homme nu*. Cette épithète s'écrit *gol*, mais la voyelle *o* se prononce presque comme un *a*; c'est pourquoi les Hellènes actuels appellent les Français *Galles*, tandis que ceux-ci se disent les descendants des Gaules.

Rome a été fondée avant Hérodote; les Italiens ont dû passer par l'Asie Mineure mille ans avant la fondation de Rome. Dans la colonne latine, après les familles qui ont occupé l'Italie, sont venues celles qui ont occupé l'Espagne, puis celles qui ont occupé la France. En supposant de cinq siècles la durée du passage des familles qui ont occupé chacun de ces trois pays, on trouverait : 1° que les Français sont passés par l'Asie Mineure quelques siècles après la fondation de Rome, et 2° que les ancêtres de cette grande nation étaient *Francs* (1). Les historiens devront donc, à l'avenir, s'abstenir de les faire descendre des *hommes nus ;* l'origine de cette erreur doit être attribuée à ce qu'ils ignoraient la signification du mot *gaul*.

§ 318. **Les peuples de l'Europe descendants de trois nations de l'Inde.** Il a fallu qu'il s'écoulât une

---

(1) Les noms des peuples de l'Europe ont été lus de droite à gauche, comme cela résulte de leur signification dans la langue thrace actuelle :

Franc c na rf = vers le dessus du sommet (des montagnes, rf ou raf = couture).

Ispan na psi ou spi = vers la couche.

Latin n ital = vers l'Italie.

Dace cad = pépinière.

German na mrege = vers le carnage (chasse).

Russ écrit Ryss = s syr = avec Syrs.

Mongol Mon gol = homme nu. Ce nom n'est pas lu de droite à gauche parce que les Mongols, n'étant pas habitants de l'Europe, n'ont pas passé par l'Asie Mineure.

dizaine de siècles après le Déluge pour que tous les pays vacants de l'Hindoustan fussent occupés. Les habitants, en raison du long temps qui s'était écoulé, ayant à peu près oublié la langue commune de leurs ancêtres, créèrent trois dialectes, le *slave*, le *latin* et le *germain*. A l'aide de ces dialectes, ils se sont partagés en trois nations, qui ne furent pas cependant aussi différentes entre elles qu'elles l'étaient des Syrs ou des Mongoles.

Quand ces trois nations se furent multipliées, quelques familles ne trouvèrent plus dans le pays qu'habitaient leurs ancêtres des ressources suffisantes pour se nourrir; c'est pourquoi elles se dirigèrent vers le nord pour chercher des pays inoccupés. La direction que suivirent les familles de chaque nation fut subordonnée à la position occupée par chaque nation dans la zone torride. 1° Au milieu était la nation latine, 2° à l'est de cette nation était la nation germanique, 3° à l'ouest était la nation slave. Cette dernière occupait une plus grande étendue; c'est pourquoi elle est devenue plus nombreuse que les deux autres.

Les familles descendant de chacune de ces nations ne différaient pas de leurs ancêtres; il y avait donc trois voies parallèles conduisant vers le nord; ce sont ces voies qu'ont suivies les familles descendant des trois nations.

I. Les familles descendant de la nation latine ont occupé la *Dacie*, l'*Italie*, l'*Espagne* et la *France;* elles sont restées separées, et ont formé quatre dialectes de la langue de leurs ancêtres. C'est par ces dialectes que les habitants des quatre pays précités se distinguent en quatre peuples.

II. Les familles descendant de la nation germanique ont occupé l'*Allemagne*, la *Hollande*, la *Flandre* et les *îles Britanniques*. Depuis 3000 ans les habitants de chaque pays se sont créé un dialecte propre, au moyen duquel on les distingue actuellement, et ils forment quatre peuples.

III. Les familles descendant de la nation slave ont d'abord suivi une voie à l'ouest de celles suivies par les Latins et les Germains; elles ont occupé l'Ionie (dans l'Asie Mineure), la Grèce, la Thrace, la Macédoine, la Bosnie, la Dalmatie, la Croatie, et la Serbie.

Les familles slaves ne trouvant plus de pays inoccupé au sud du Danube, passèrent ce fleuve au-dessus de Pesth et occupèrent la Moravie, la Bohême et la Pologne.

Cette voie est devenue très-longue pour les familles slaves qui étaient parties de la zone toride pour aller occuper les pays vacants qui se trouvaient au delà de la Pologne. La vallée de l'Euphrate offrait de grandes facilités pour arriver aux pays inhabités; car c'est à l'extrémité supérieure de cette vallée que commence le récipient Caspien dans lequel les vallées des fleuves conduisent à la mer Caspienne. Les familles slaves sont passées par *Daghestan*, et en remontant ensuite les vallées des fleuves et des rivières qui se jettent dans la mer, elles se sont répandues dans les pays inhabités.

Cet aperçu général du mode d'occupation des pays inhabités de l'Europe par les descendants des trois nations de la zone torride trouvera son application dans tous ses détails. Avant d'exposer ces détails, je ferai voir comment il s'est trouvé en Europe : 1° deux peuples étrangers qui ont formé deux îles, les *Albanais* et les *Maggiars*, et 2° deux peuples qui se sont dispersés dans toute l'Europe, les *Hébreux* et les *Tsigans*.

A. Origine des quatre peuples hétérogènes, les Hébreux, les Tsigans, les Albanais, les Maggiars.

§ 319. La Hongrie et l'Albanie étaient deux pays inhabités quand les ancêtres de leurs habitants actuels en ont pris possession. Les ancêtres des Hebreux et des Tsigans n'ont pas trouvé de pays inoccupés pour s'y établir; c'est pourquoi l'on ne trouve nulle part de pays habités par ces deux peuples.

I. **Hébreux.** L'Écriture nous apprend que les Hébreux sont les descendants de Noé, qui était laboureur avant et après le Déluge (Genèse, chap. IX); par suite, Noé pratiquait un culte, lequel se conserva chez ses enfants et leurs descendants, qui ne restèrent pas laboureurs, mais qui, ayant trouvé dans les déserts des pays inoccupés, devinrent pasteurs, comme le sont aujourd'hui les colons européens qui ont embrassé la vie pastorale dans des pays inhabités sans pour cela renoncer à leur culte.

Il s'est écoulé une dizaine de siècles depuis le Déluge jusqu'à ce que les descendants de Noé se soient multipliés dans la zone torride. Les Hébreux devenus pasteurs se répandirent en dehors de la zone torride dans les pays inhabités impropres à l'agriculture. Avant le Déluge, ces pays étaient peuplés par de nombreux habitants qui bâtirent Palmyre et beaucoup d'autres cités. Ces pays peuplés avant le Déluge ont été changés en déserts après le Déluge. Il en est résulté la cessation des pluies qui se formaient dans la colonne d'air, car après la séparation de cet air, le climat actuel s'y est établi; les pluies de ces pays devinrent trop rares pour produire des récoltes suffisantes pour nourrir un nombre d'habitants supérieur au nombre actuel.

Lorsqu'au temps des Pharaons Abraham et autres pasteurs hébreux arrivèrent dans l'Asie Mineure, ils y trouvèrent les pays fertiles occupés. Abraham vécut en Égypte comme pasteur; plus tard Pharaon ordonna à Joseph d'établir les Hébreux pasteurs de tous ses troupeaux (Genèse, chap. XLVII, 6). Ils restèrent longtemps en Égypte, où ils prospérèrent et se multiplièrent, eux et leurs troupeaux.

Plus tard, ces troupeaux ayant pris un accroissement considérable, devinrent nuisibles aux Égyptiens cultivateurs qui commencèrent à se plaindre des Hébreux. Ceux-ci, conservant la vie nomade, sortirent d'Égypte avec leurs troupeaux et avec ceux dont on leur avait confié la garde.

Pendant le jour le vent d'ouest chassait la poussière vers l'est; pendant la nuit le vent du nord chassait la poussière vers le sud, et l'on voyageait pour avancer vers l'est (Exode, chap. XIV, 20) (1).

Depuis l'occupation de l'Égypte par les Macédoniens, puis par les Romains, les Hébreux ayant pris connaissance du pays, s'attachèrent aux conquérants par lesquels ils avaient été protégés; c'est ainsi qu'ils abandonnèrent l'état nomade et qu'ils se dispersèrent comme commerçants, d'abord dans les pays occupés par les Macédoniens, puis dans ceux occupés par les Romains.

II. Γύφθοι, **Tsigans, Bohémiens, Egyptiens.** La langue des Tsigans est un dialecte qui s'éloigne de la langue hellénique, et cependant les Hellènes de l'Asie Mineure et de la Grèce sont venus de l'Inde, tandis que les Tsigans sont sortis de l'Égypte. Les Hellènes ont un culte, tandis que les Tsigans de l'Orient n'en ont que l'apparence lorsqu'ils vivent dans les villes. Ceux qui sont encore nomades ne connaissent aucun culte.

Les ancêtres des Tsigans ont passé avant le Déluge d'Asie en Égypte à une époque où le Nil se jetait de la Nubie dans la mer Rouge par la vallée transversale; une grande partie de l'Égypte était alors un lac qui a été comblé plus tard.

Lorsque, 7000 ans avant le Déluge, le Nil brisa l'isthme de Syène qui sépare l'Égypte de la Nubie, il s'ouvrit un nouveau lit dans la vallée de Kosseyr pour se jeter dans la mer Rouge. Les Hellènes, devenus laboureurs, restèrent en Égypte possesseurs de tout le pays; ceux qui s'étaient avancés en Nubie y trouvèrent le pays occupé par des laboureurs, et ils s'étaient déjà propagés dans la zone torride avant le Déluge, tandis que les descendants des habitants de la Nubie s'étant multipliés, passèrent dans l'Égypte qui

(1) Avant le Déluge, la Méditerranée communiquait avec la mer Rouge par un détroit à Suez; après le Déluge, les deux mers se trouvèrent séparées par l'isthme. Telle est l'origine de tout ce qui est rapporté dans l'Exode (chap. XIV).

était déjà occupée. Ils s'arrangèrent de façon à cultiver les terres appartenant aux Hellènes; ceux-ci laissèrent aux paysans la portion de récoltes nécessaire pour se nourrir et ils prirent le reste.

Les noms des villes Συένη, Φίλαι, Ἐλεφαντινη, Ἀπολλινόπολις, Λατόπολισι, Ἑρμοντίς, Θῆβαι, Θηβαΐς, Ἄβυδος, Μέμφις, etc.;

Les noms des divinités, Ὄσυρις, Ἶσις, Ἱέραξ, Φθὰς, Τυφῶν, Ἄπις;

Les noms scientifiques Ζωδιακὸς, πυραμὶς, σφίγξ, ὀβελίσκος, δυναστεία, etc.;

Ces noms, dis-je, ne permettent pas de douter que les prêtres qui possédaient l'Égypte avant le Déluge ne fussent les Hellènes qui périrent au moment du Déluge.

Parmi les Hellènes qui étaient dans les vallées du Nil, il ne resta après le Déluge que ceux qui se trouvaient dans la zone torride. De ces Hellènes, 1° ceux qui pratiquaient un culte et qui connaissaient l'écriture hiéroglyphique ne cessèrent pas leurs fonctions sacerdotales, et 2° ceux qui étaient restés nomades et sans culte sont les Tsigans homoglottes des prêtres avec lesquels ont pu s'entretenir Hérodote et les autres Hellènes qui ont visité l'Égypte.

La physionomie des Tsigans ne diffère pas de celle qu'on voit dans les monuments de l'Égypte; ils ont l'activité des Hellènes. Ils disent la bonne aventure, sont bons musiciens, ils font toute sorte de métiers; ils sont, comme les Hébreux, de très-mauvais laboureurs; il n'y en a pas qui soient commerçants, tandis que le commerce est la principale occupation des Hébreux.

III. **Maggiars, Hongrois.** Les ancêtres de ce peuple sont arrivés en Europe, tenant à l'est de la colonne latine et avant la colonne germanique, car l'émigration des Germains a commencé plus tard. Lorsque la colonne latine a dévié vers l'ouest par les vallées des fleuves Save et Drave, les Maggiars y ayant trouvé inoccupée la rive gauche du Danube, se séparèrent des Latins et occupèrent le pays dans lequel vivent aujourd'hui leurs descendants.

Les peuplades nombreuses du Caucase habitent des îles comme les Maggiars. Quand Miltridate était à Rome, il disait qu'il régnait sur quarante peuples parlant des langages différents.

IV. **Albanais.** Les Albanais sont un peuple sorti de l'Égypte et qui s'est avancé vers le Bosphore en restant à l'ouest de la colonne slave; ce peuple a passé le Bosphore après les Dalmates, à côté des Croates. Lorsque ceux-ci ont avancé vers le nord, les Albanais ont dévié vers l'ouest, car ils ont trouvé inoccupé le pays montagneux dans lequel vivent à présent leurs descendants.

Scandinaves. Après avoir indiqué l'origine des quatre peuples hétérogènes qui se trouvent parmi les peuples descendants des trois nations qui existent dans la zone torride, je laisse de côté les habitants de la Scandinavie qui sont séparés; leurs ancêtres, en avançant vers le nord après les Russes, ont trouvé tous les autres pays occupés; ils se sont alors établis dans cette presqu'île qu'ils ont trouvée inhabitée.

B. Exode des quatre peuples de la nation latine.

§ 320. Les familles qui ne trouvèrent pas dans la zone torride des ressources alimentaires suffisantes pour elles et leurs troupeaux, furent forcées de s'éloigner de leur pays natal. Si la nation latine, dans la zone torride, était composée d'un million de familles, il s'est produit chaque siècle un excédant d'une centaine de mille de familles, dont mille émigraient chaque année en se dirigeant vers le nord. Ainsi il y avait une voie de communication entre les émigrants et ceux qui restaient dans la zone torride.

Les habitants des pays occupés livraient passage aux nomades en leur permettant de faire paître leurs troupeaux. Parmi les nomades, les chasseurs avançaient et découvraient où l'eau ne manquait pas. Jusqu'au Bosphore, les nomades latins avaient les Slaves à l'ouest; au delà du Bosphore, ils ont suivi la côte de la mer Noire jusqu'à l'embouchure du Dniester et celle du Danube.

Dacie. En suivant d'un côté la rive gauche du Danube et de l'autre la vallée du fleuve Dniester, chaque agglomération de familles a pris possession d'une étendue suffisante pour leurs troupeaux. Après avoir occupé les pays qui s'étendent sur la Valachie, la Moldavie, la Bessarabie et le versant des Carpathes, les familles qui arrivèrent passèrent au delà des montagnes et prirent possession de la Transylvanie, de la Boucovine et du Banat.

Le nombre des familles nomades qui occupèrent cette superficie fut de plusieurs centaines de mille, mais il n'en arrivait qu'une centaine de mille chaque siècle. On trouve ainsi qu'il a fallu environ cinq siècles pour que toute la superficie de la Dacie, qui est supérieure à celle de la France, fût peuplée par des familles nomades.

Quand la densité des habitants a augmenté, il n'était plus possible de quitter le pays parce qu'il n'y avait pas d'autres pays inoccupés. Pour ne pas mourir de faim, les habitants furent forcés de se faire laboureurs, sans cependant abandonner tout à fait la vie pastorale. Chaque famille cultive actuellement une certaine étendue de terre avec les animaux du troupeau qui lui appartient. La Dacie entière peut nourrir autant d'habitants que la France. Si à l'avenir les souverains s'entendent pour laisser les peuples homoglottes vivre ensemble comme cela avait lieu dans le principe, les Daces deviendront un peuple latin plus nombreux que chacun des trois autres.

Italie. Après que la *Dacie*, d'abord inoccupée, eut été peuplée, les familles de la nation latine qui arrivaient de l'Inde n'y purent plus rester; les chasseurs, leurs précurseurs, leur annoncèrent qu'il y avait des pays inhabités auxquels on arrivait par les vallées des fleuves Save et Drave, car ces pays avaient déjà éte occupés par les Slaves. Il fallut franchir la branche de la chaîne des montagnes du

Tyrol pour descendre dans la vallée fertile du fleuve le Pô. De cette vallée, les nomades se propagèrent dans la presqu'île, dont l'extrémité avait déjà été occupée par des Hellènes qui y étaient arrivés par mer.

Il s'écoula plusieurs siècles pendant lesquels il arriva autant de centaines de mille de familles qui se répandirent sur toute la surface fertile du pays inoccupé. Au bout de quelques siècles, la densité des habitants allant toujours en augmentant, c'est alors que l'on commença à fonder des villes. Rome fut fondée plusieurs siècles après l'occupation du pays, occupation qui n'a jamais été interrompue. On commença à fonder des villes en Italie quand l'Ibérie fut presque entièrement peuplée par les familles qui n'avaient pas trouvé de pays inoccupés en Dacie et en Italie.

Espagne. Les familles qui ne trouvèrent pas de pays inoccupés en Italie suivirent les côtes de la Méditerranée, se répandirent dans le voisinage de ces côtes, et se propagèrent dans la presqu'île Ibérienne qui était inhabitée. Pour que tout le pays fût occupé, il fallut des centaines de mille de familles, qui n'y arrivèrent que pendant plusieurs siècles. C'est à cette époque qu'eut lieu la fondation de Rome; les familles qui passaient alors par l'Asie Mineure arrivèrent quand l'Espagne fut occupée, et elles durent se répandre en France, qui était alors un pays inhabité.

France. Les familles nomades venant de l'Inde traversèrent les pays occupés par des habitants qui leur livrèrent passage. Arrivés à l'extrémité supérieure de la vallée du fleuve le Pô, ces nomades franchirent le col du mont Cenis sur les Alpes pour arriver dans les pays inhabités de la vallée de la Suisse; de cette vallée elles franchirent le mont Jura, et ensuite elles descendirent les vallées des fleuves qui y ont leurs sources et se jettent dans l'Atlantique.

Les Germains avaient passé le Rhin et s'étaient répandus sur la rive gauche de ce fleuve depuis sa source jusqu'à son embouchure. Ce défaut de limites géologiques entre les deux nations n'a influé en rien sur la diversité des langues; cette diversité s'est conservée, et c'est sur elle qu'est basée la différence des nationalités.

Au temps d'Hérodote, quatre à cinq siècles avant Jésus-Christ, les familles émigrantes de l'Hindoustan passaient à l'état nomade par son pays, l'Asie Mineure. 1° Quelques-uns de ces nomades observés par l'historien, étant vêtus de peaux (σκύτος), ont été nommés par lui Σκύθαι. 2° Il y avait d'autres nomades que les Slaves appelaient *gaules* ou *gols*, parce qu'ils n'étaient pas vêtus, mais tout nus. Hérodote et d'autres historiens ont employé ce nom pour indiquer les émigrants qui, en été, n'étaient pas vêtus. Ainsi ces épithètes *scythe* et *gaule* n'ont aucun rapport avec la nationalité des familles émigrantes qui tiraient leur origine des trois nations, slave, latine et germaine, et qui ne s'étaient pas encore subdivisées, comme aujourd'hui, en peuples, dont les noms ont un rapport avec les pays dans lesquels les familles de la même nation se sont établies. Par exemple, nous appelons *Américains du Nord*, *Canadiens*, *Australiens*, les descendants des Anglais qui ont quitté l'Angleterre et sont devenus habitants de l'Amérique du Nord, du Canada, de l'Australie. De même, les familles dont les ancêtres étaient Latins ont fait souche de Daces, d'Italiens, d'Espagnols, de Français, après s'être établis dans les pays qu'occupent actuellement leurs descendants.

C. Exode des quatre peuples de la nation germanique.

§ 321. Les familles nomades de la nation germanique ont été à l'est des familles de la nation latine; cette position s'est conservée depuis l'Hindoustan dans l'Asie Mineure, dans la Dacie, qui étaient des pays déjà occupés jusqu'à l'embouchure du fleuve du Drave dans la vallée du Danube. Les familles latines avaient déjà commencé à remonter la vallée du Drave quand les Germains y arrivèrent, et après avoir traversé la Hongrie occupée par les Maggiars et la Moravie occupée par les Slaves, ils se répandirent dans les pays qu'ils trouvèrent inoccupés.

Allemagne. Les familles qui étaient à la tête de la colonne germanique se répandirent dans la vaste vallée du Danube; celles qui arrivaient passèrent dans la vallée du Rhin. En se propageant à l'ouest de ce fleuve, les Germains furent arrêtés par les familles latines qui avaient déjà occupé la moitié occidentale de la vallée de la Suisse et s'étaient avancées vers le Rhin. Ainsi les Germains se trouvèrent, 1° séparés des Italiens par les sommets des montagnes du Tyrol et des Alpes, 2° en contact avec les Français de l'ouest, 3° en contact avec les habitants slaves de la Bohême et de la Silésie.

Hollande. Les familles arrivées quand l'Allemagne était déjà occupée se sont avancées dans les pays marécageux inhabités autour de l'embouchure du Rhin.

Flandre. Une branche des familles de la colonne germanique s'est répandue dans des pays montagneux encore inhabités à l'ouest du Rhin.

Angleterre. Les familles germaniques continuèrent d'arriver quand tout le continent était déjà occupé; il ne restait de vacantes que les îles Britanniques. Les familles commencèrent à passer par le Pas-de-Calais. L'Angleterre fut occupée d'abord ; les familles qui vinrent ensuite ne trouvant plus de pays inoccupés en Angleterre, passèrent en Irlande.

D. Exode des peuples de la nation slave.

§ 322. Les diverses positions qu'ont prises dans leur émigration les familles issues des trois nations nous démontrent que la nation slave était fixée à l'ouest de l'Hindoustan, la nation latine au milieu et la nation germanique à l'est.

Les positions géographiques des pays occupés par les familles de chacune des trois nations nous font voir que la Mésopotamie avait déjà été occupée par des peuplades lorsque les Hellènes passèrent avant toutes les autres par ces pays occupés et s'établirent dans l'Asie Mineure qui était un pays inhabité. Les familles slaves occupèrent une partie de l'Asie Mineure, les autres passèrent en Europe par les Dardanelles; elles s'étaient déjà répandues sur la rive droite du Danube quand les familles latines arrivèrent dans la Dacie.

1° A l'époque où les Hellènes et les slaves occupèrent l'Asie Mineure, il n'y avait ni émigrants latins ni émigrants germains. 2° A l'époque où les Latins occupèrent la Dacie, les Slaves avaient passé de la Serbie en Moravie, et il n'y avait pas encore d'émigrants germains.

Parmi les quatre peuples latins, les Daces sont entourés des peuples slaves et sont en contact avec les Maggiars; des trois autres peuples latins, les Italiens seuls sont en contact avec les Slaves. On voit par là qu'il y a eu une époque où les familles slaves occupaient la Pologne, la Bohême et la Silésie; celles qui seraient arrivées plus tard auraient pu aller plus loin, tandis que pour les familles latines et germaines il n'y avait plus de pays inoccupés.

Cette cause physique fit abandonner aux familles émigrantes la voie qui ne conduisait plus à des pays inhabités, et elles s'efforcèrent de s'ouvrir une autre voie praticable qui pût les conduire dans des régions inoccupées qui fussent à leur proximité. Cette nouvelle voie fut la vallée de l'Euphrate, ouverte près de mille ans avant Jésus-Christ, comme on le voit par l'effet naturel qu'un tel changement dut produire, effet dont l'auteur de la Genèse donne une explication mentionnée ci-dessous.

E. Exode des familles émigrantes par la vallée de l'Euphrate.

§ 323. Les habitants de l'Hindoustan continuèrent à produire chaque siècle une centaine de familles qui ne pouvant trouver des moyens de subsistance dans le pays, durent aller chercher des pays inoccupés. La voie de l'émigration, suivie depuis 2000 ans, dut enfin être abandonnée quand tous les pays vers lesquels elle conduisait furent occupés. Arrivées dans la Mésopotamie, les familles slaves déviérent vers la droite pour remonter la vallée de l'Euphrate.

Origine de la fable de la confusion des langues. Cette déviation des familles slaves dut s'opérer, 1° dans des pays habités dans lesquels il n'y avait jamais eu d'émigrants, et 2° par des familles émigrantes qui suivaient la voie habituelle. Cette rencontre des familles slaves avec toutes les autres parlant des langues différentes, devint connue dans l'Hindoustan et parmi les Hébreux qui étaient en contact avec les Slaves. Cette relation, répétée de bouche en bouche, a dû trouver chez les prêtres une explication analogue aux explications données aux autres faits naturels.

Le pays dans lequel l'événement était arrivé se nommait Babel; dans la Genèse, chap. IX, on trouve l'explication logique de ce fait, explication qui indique le véritable pays dans lequel s'est opérée la déviation de la colonne des familles slaves, et de plus l'époque de cette déviation qui eut lieu 3000 ans après le Déluge. On verra plus bas que Moïse a placé après le Déluge des faits arrivés en Égypte avant le Déluge, ainsi que l'ont fait les historiens qui ont visité l'Égypte.

Noms géographiques indiquant la voie de l'exode. Pour arriver de *Babel* aux pays que possèdent aujourd'hui les *Russes*, leurs ancêtres durent traverser les pays déjà occupés, tels que la vallée de l'*Euphrate*, le *Daghestan*, les *côtes de la mer Caspienne.* Tous ces noms, lus de droite à gauche, appartiennent à la langue slave et ont les significations suivantes :

Babel *levav* ou *livav* = pays qui devient inondé.

Euphrat *tarpev* ou *trapev* = pays ou lit de fleuve qui a des fosses.

Caspien *psac* = sable.

Daghestan *nat seh gad* = sur eux feros. La composition grammaticale de ce mot ne diffère pas de celle du nom *Beloutchistan* nat sih ctou lev = sur eux comme Lion (1).

Russe. En slave, ce nom s'écrit Ryss ; lu de droite à gauche il fait S Syr = avec Syrs.

Syr renversé fait rys = châtain.

Les familles de la nation slave qui avaient émigré de l'Hindoustan se sont trouvées en contact avec les Syrs qui venaient de l'Arabie. Tous ces faits historiques ont été conservés dans la composition du nom propre *Russe* et dans la signification du nom *rous* = *rys* = châtain, considéré comme épithète, de même que les noms *scith*, *gaul*.

F. ATTACHEMENT DES HABITANTS AU PAYS NATAL.

§ 324. Après le Déluge, il resta dans la zone torride un petit nombre d'habitants de chaque nation et de chaque peuplade. Les descendants des trois nations de l'Hindoustan restèrent dans leur pays natal tant qu'ils purent y trouver

(1) Le pays de *Beloutchistan* acquit ce nom de bataille à la suite d'une guerre qui y fut livrée, plusieurs siècles avant le Déluge entre l'armée égyptienne commandée par Sésostris et l'armée indienne. Les guerriers indiens s'étant battus comme des lions, ont donné au champ de bataille le nom de *Beloutchistan*. Sésostris, qui avait battu les armées des Indiens, est représenté sur un char dans les tableaux appendus aux murs des temples de Karnak, et sur le champ de bataille sont des lions percés de dards (§ 292).

Cet exploit a fait le sujet d'un poëme très-répandu parmi les Hellènes avant et après le Déluge, car l'Iliade d'Homère n'en est que l'imitation. On a découvert une partie de ce poëme, dans lequel les passages les plus remarquables de l'Iliade se sont rencontrés.

des moyens de subsistance. Quand ils se furent multipliés au point de ne pouvoir plus vivre chez eux, plusieurs familles quittèrent ensemble le pays pour aller chercher un pays inoccupé. Il s'est opéré il y a 5000 ans, chez les habitants de l'Hindoustan, ce qui s'opère aujourd'hui chez les habitants de l'Europe : ceux qui peuvent trouver des ressources dans leur pays natal y restent; il n'y a que les gens de la basse classe qui quittent leur pays.

Pour que l'Europe fût peuplée par les émigrants de l'Hindoustan, il a fallu plus de 2000 ans; il ne faudra pas moins de temps pour que les pays de la Terre inhabités aujourd'hui soient peuplés. Si les habitants des villes telles que Hambourg, le Havre, Liverpool, etc., par lesquelles passent les émigrants, ne savaient pas d'où viennent ces émigrants, ils penseraient qu'ils ont abandonné et laissé désert le pays où ils avaient vécu jusqu'alors pour aller s'établir ailleurs. Certains observateurs, devenus historiens, avancent une vérité qui sert à couvrir une erreur; car les lecteurs, en voyant que les pays qui étaient déserts se trouvent occupés par des émigrés, n'hésiteront pas à admettre qu'en effet ces émigrés ont abandonné leur pays natal, qu'ils ont laissé inoccupé.

C'est dans ce livre que pour la première fois cette erreur des historiens se trouve rectifiée, et désormais personne ne pourra plus douter que les peuples actuels de l'Europe ne soient les descendants des familles issues des trois nations qui ont émigré de l'Hindoustan sans laisser cependant le pays inhabité. Les invasions militaires diffèrent complétement de ces émigrations des familles, quoique les historiens aient confondu ces invasions avec les émigrations.

Des troupes composées de jeunes gens d'un pays se répandent dans un pays voisin civilisé; ils y prennent des femmes et se mettent à vivre et à se fusionner avec les habitants de ce pays dont ils font souvent changer le nom. Il en résulte qu'après ce changement de nom il est à peu près impossible de reconnaître les anciens habitants de plusieurs pays qui ont été envahis par des troupes d'un pays limitrophe. Par exemple :

I. Il y a seize siècles il n'y avait ni dans Byrance ni dans la Dacie d'habitants appelés Ρωμαῖος ou *Roumoun;* il n'y avait que des Thraces et des Daces. Le titre donné aux Thraces nobles est *Balgarin*, qui signifie en langue slave personne qui a occupé une place supérieure. Le titre donné aux Daces nobles est *boer*, qui signifie en langue dace personne qui a des troupeaux ou quelques paires de bœufs (*boï* en langue dace). Pendant la domination des Thraces dans la Dacie, le titre de noblesse *boer* fut conservé, et conformément à l'usage de leur nation, ils y ont ajouté des titres de noblesse dans leur langue, qui est celle dans laquelle sont écrits les *Chrysobules*, qui sont les documents relatifs aux propriétés des terres et des Tsigans.

II. Il y a quatre siècles il n'y avait pas de *Turcs* en Europe; les troupes qui ont débarqué occupèrent d'abord en Europe l'Andrinople, puis Constantinople, étaient composées d'Ottomans. Le nom de *Turc* a été tiré par les Ottomans du nom *Trac;* c'est ce nom qu'on donnait aux paysans et au bas peuple comme on leur donnait le nom de *Roumoun* dans la Dacie, de même les Maures ont occupé l'Espagne.

Il y a donc eu : 1° *émigration* des pays trop peuplés vers les pays éloignés et inhabités, et 2° des *invasions* dans les pays habités limitrophes. Les pays inoccupés se remplirent lentement à l'aide des émigrants nomades qui vinrent s'y établir avec leurs familles. Les pays peuplés envahis par les armées des contrées limitrophes livrèrent des femmes aux soldats, et les enfants ont eu pour père des étrangers; le nombre de troupes n'était pas très-grand comparativement à celui des indigènes; mais ce fut leur nom qui remplaça celui des indigènes. Il y a 400 ans on nommait : 1° Thrace le pays appelé aujourd'hui Turquie, et 2° Espagne le pays occupé par les Maures. Après l'expulsion de ceux-ci, leur nom disparut de l'Europe; de même le nom de *Turquie* se changera en celui de *Thrace*.

Les seules nations anciennes qui ont conservé leur nom sont celles qui ont eu des historiens nationaux : tels sont les Hellènes, les Romains, les Chinois et les Indiens. Les auteurs qui ont écrit l'histoire des peuples étrangers dont le plus habituellement ils ignoraient la langue ont toujours commis des erreurs, et ces erreurs ont encore été augmentées et propagées par les historiens qui ont eu recours aux ouvrages déjà existants pour composer les leurs. Les auteurs de ce genre, pour se mettre à l'abri de toute responsabilité, se contentent de citer ce qu'ils trouvent dans les livres écrits antérieurement.

Ainsi, pour composer l'histoire des Thraces, qui n'ont pas eu jusqu'à présent d'historiens particuliers, on consulte les historiens byzantins qui parlent des anciens habitants du pays, des invasions des Perses, des Romains, de l'expédition d'Alexandre, mais qui parlent aussi d'un peuple nommé *Balgarin*, nom qui a été changé en celui de Βούλγαρης, puis en celui de Bulgare. On a donné l'épithète de *balgavin* à plusieurs habitants de l'Asie Mineure et de la Russie. Quelques historiens russes ont tenté de composer une histoire des habitants actuels de la Thrace, mais ils se sont laissé influencer par les récits byzantins, parce qu'ils n'ont pas trouvé d'autre source historique où ils pussent se renseigner. Il leur manquait aussi la connaissance de la loi naturelle de l'attachement des habitants pour leur pays natal. Il eût suffi aux historiens de connaître cet *axiome* pour les préserver de tomber dans les mêmes erreurs que leurs devanciers.

Avant Trajan il n'y avait en Dacie aucun vestige de l'existence de Rome. Pendant la durée de l'occupation, on a bâti les villes de Severin et de Caracalla dont on voit encore les ruines ainsi que les arches du pont sur le Danube. Si la Dacie et l'Italie étaient deux pays limitrophes, il aurait pu se faire que les soldats italiens restassent dans la Dacie et se mariassent avec les filles des Daces comme l'ont fait les Ottomans dans la Trace, les Thraces dans la Dacie, les Maures en Espagne, les Bretons en Angleterre.

Les empereurs byzantins étaient Thraces; la langue du gouvernement établi par Constantin le Grand fut la langue hellénique, que connaissaient ceux qui l'avaient apprise. Les empereurs, qui dans le principe n'étaient que les généraux des troupes thraces, n'étaient pas toujours bons hellénistes; ils donnaient au grec les mêmes tournures de phrases qu'à leur langue maternelle, et c'est ainsi que la langue hellénique ancienne est passée dans la langue moderne. Falmerein, qui est d'origine slave, en arrivant avec le roi Othon, a cru qu'il n'existait plus d'Hellènes, parce qu'il se trouve dans la langue moderne de nombreuses similitudes avec la langue slave.

De même, à Bucharest, quelques maîtres de langue française ont supposé que les habitants de la Dacie avaient disparu depuis l'invasion de leur pays par Trajan, et leur opinion était fondée sur la disparition du nom de *Dace* et sur l'existence du nom de *Roumoun*. Il y avait aussi à Jassy de pareils maîtres de langue française, et cependant ils n'ont pas fait de semblables suppositions, parce que les habitants parlant la même langue que les Roumouns s'appellent *Moldaves*. Ceux qui habitent au delà du fleuve Prout se nomment *Bessarabiens*, d'autres s'appellent *Transylvaniens*, *Banatiens*, *Boucouviniens*.

Les Slaves se rasent la tête, tandis que les peuples appartenant à la nation latine conservent leurs cheveux; aussi, de même qu'Homère appelle κομῶντας les Hellènes qui portent les cheveux longs, de même les Slaves appellent *Vlaci* les peuples appartenant à la nation latine.

Du temps de Trajan, il n'y avait pas dans toute l'Italie autant d'habitants qu'il en aurait fallu pour peupler tous les pays qu'occupent les Daces. Aucun historien latin ou grec ne dit qu'il y ait eu des émigrations de l'Italie dans la Dacie ou quelque autre pays conquis par les Romains.

III. HISTOIRE DE L'ÉGYPTE AVANT LE DÉLUGE.

§ 325. L'histoire de l'Égypte avant le Déluge a été écrite par Manéthon, historien national qui vivait peu de temps avant cette époque ; aucun autre n'a écrit après lui, et il est fort peu d'objets dont il n'ait fait mention.

L'histoire des peuples après le Déluge commence à différentes époques chez les diverses nations. Les annales de la Chine commencent 2698 ans avant Jésus-Christ et 1302 ans après le Déluge qui arriva environ 4000 ans avant Jésus-Christ, 1° d'après les livres sémitiques, et 2° d'après les calculs géologiques.

Les monuments égyptiens remontent jusqu'à 4700 ans avant Jésus-Christ et 700 ans avant le Déluge. Manéthon subdivise la série des événements d'après la série des souverains ou dynastes, dont on compte une trentaine. Depuis la Ire jusqu'à la XIXe dynastie, on a suivi un ordre dans la succession des dynasties ; mais les autres présentent un grand désordre chronologique, car elles ne sont pas déterminées par des monuments anciens, mais par des inscriptions trouvées dans les tombeaux d'Apis.

Ire à XIIIe dynastie. Ménès est le roi de la Ire dynastie ; Memphis était sa résidence.

IIe *dynastie.* Il n'en est fait aucune mention nulle part.

IIIe *dynastie.* Le roi Snewrou s'empare de la presqu'île du Sinaï et commence à exploiter les mines de cuivre de cette localité.

IVe *dynastie.* Il n'en existe aucune mention.

V^e^ *dynastie.* Elle est placée trois à quatre cents ans avant le Déluge.

VIe *dynastie.* Manéthon fait mention du roi Phiops.

VIIe à X^e *dynastie*. Il n'existe aucune mention de la durée de ces quatre dynasties.

XIe *dynastie*. Le roi Antea ou les rois ainsi nommés de la XIe dynastie ont résidé à Thèbes ; c'est dans cette ville qu'on a trouvé le tombeau de ces princes.

XIIe *dynastie*. Amenemès a possédé le Sinaï et il a étendu sa domination vers le sud jusqu'à la Nubie toute entière ; la vallée du Nil s'y est couverte de temples ; on y a élevé le Labyrinthe.

XIIIe à XVIIe dynastie. Sevekhotep III fut roi de la XIIIe dynastie. A cette époque il y a eu invasion des peuples nomades de l'Asie. Le nom de *pasteur* donné à ces peuples prouve qu'ils étaient Slaves ou Latins. Ce qui atteste manifestement cette invasion, c'est : 1° l'interruption de la série des monuments, et 2° le renversement des temples, que l'on reconnaît aux nouveaux sanctuaires élevés sur l'emplacement des temples antiques, dont les pièces ont été quelquefois renversées, comme le prouvent les hiéroglyphes qu'on y rencontre.

Il est certain que l'invasion des pasteurs a cessé sous le roi Amosis à la fin de la XVIIe dynastie. Une inscription contemporaine nous apprend qu'Amosis, après plusieurs batailles, s'empara de la forteresse Avaris sur le Delta. Ainsi il est incontestable que les pasteurs étaient Slaves ou Latins. Les Hellènes ne possédèrent d'abord que l'Égypte, mais quand le lit du Nil fut changé, ils étendirent leur domination en Nubie. Les Nubiens auraient pu reconquérir leur liberté pendant l'invasion des pasteurs ; mais Amosis ayant expulsé ces derniers, tourna ses armes contre les Nubiens, qu'il soumit, et il restaura l'empire qui était resté envahi par les pasteurs pendant la durée de plus de quatre dynasties. Après cette longue guerre, Amosis entreprit de relever les temples, dont les matériaux furent extraits, des carrières de Tourah.

XVIIIe dynastie. Pendant cette dynastie, Babel, Ninive et le Sennaar étaient devenus vassaux des Égyptiens. On y voit figurer trois Toutmès et quatre Aménophis, dont le quatrième est aussi appelé Memnon. Quant aux opérations militaires et aux actions civiles, l'ordre chronologique n'est nullement observé, et cependant les archéologues se servent des noms précités pour prouver la longue durée de cette dynastie.

Un fait historique de cette dynastie est la coïncidence qui existe entre la statue phonétique de Memnon et la signification des noms *Aménophis* et *Memnon* en langue hellénique.

Μέμνων (participe actif de μέμνημαι) signifie *qui apporte au souvenir*.

Αμήνωφ-ις, lu de droite à la gauche φώνημα = voix, son, parole.

Αμήνωφ-ις Μεμνων = φώνημα μὲμνον = son qui apporte au souvenir ; tel était le son produit par la statue au lever du Soleil au moyen du mécanisme dont j'ai parlé ci-dessus (§ 290). Ce fait historique se relie avec le fait suivant, également historique :

Aménophis IV ne voulut pas souffrir d'autre culte que celui du Soleil représenté sous la forme d'un disque rayonnant. Des mains sortant de chaque rayon étaient le symbole de la vie que ces rayons répandent sur la Terre ; ce qui le prouvait, c'étaient les rayons du Soleil, qui à son lever faisait rendre des sons à la statue.

C'est pour cette raison que ce roi fit effacer, non le nom du dieu *Ammon*, mais celui du dieu *Amnon* dans les monuments. Ces nombreuses mutilations nous font voir combien ce roi avait des idées justes sur l'action physique qu'exercent sur la Terre les rayons du Soleil ; il savait bien que les cornes d'Amnon sont le symbole des hélices décrites par le Soleil, cependant ce sont ses rayons qui vivifient les plantes et les animaux. Je dirai plus bas pourquoi le Dieu Ammon a été respecté.

Amnon est grand, ἀμνὸς = agneau dont les cornes croissent en forme d'hélice ; les deux cornes réunies du taureau ont la forme du croissant. On a employé le bélier, symbole du Soleil, et le taureau, symbole de la Lune, pour indiquer deux parties de la zone céleste parcourue, 1° par le Soleil en un an, et 2° par la Lune en une lunaison.

Cette série de faits nous fait voir que si Aménophis IV n'était pas fils d'Aménophis Memnon, les quatre Aménophis ne sont qu'une seule et même personne qui figure dans des actions successives militaires ou civiles.

XIXe dynastie. Pendant cette dynastie, la plus glorieuse dans l'histoire de l'Égypte, le nom de Ramsés-Meiamoun figure dans tous les monuments ; cependant il est fait mention de trois Ramsès. Ainsi, comme à l'égard des quatre Aménophis, on est conduit ici à reconnaître une succession d'exploits militaires et civils émanés du même Ramsès-Meiamoun, qu'on a aussi nommé Sésostris.

L'histoire de ce roi se trouve : 1° dans plusieurs inscriptions ; 2° dans un des papyrus de la collection Sallier, qui contient une partie d'un poëme analogue à l'Iliade ; 3° dans les tableaux décrits au § 292 ; 4° dans l'Écriture ; 5° dans les ouvrages des historiens. Ce qui a échappé aux archéoloques, c'est qu'Homère n'a relaté dans l'Iliade que les exploits qui ont eu lieu avant le Déluge sur les rives de l'Indus, car il n'y a jamais eu de guerre sur les rives du Scamandre.

Les voyageurs grecs, de même que Moïse, ont appris des prêtres une série de faits révélés, aussi par les monuments, sans que personne se doute : 1° que tous ces monuments sont l'œuvre des habitants qui vivaient dans ce pays avant le Déluge, et 2° que les habitants actuels de l'Égypte sont les descendants des familles qui ont émigré de l'Abyssinie et du Sennaar pour aller à la découverte des pays inoccupés. C'étaient les ancêtres de ces familles qui vivaient avant le Déluge et entreprenaient des relations avec les habitants de l'Égypte dont ils partageaient le culte ; ils avaient aussi les mêmes hiéroglyphes et le même alphabet, hiéroglyphes et alphabet que connaissaient en partie les prêtres qui arrivèrent en Égypte 1000 ans après le Déluge. Moïse et les voyageurs grecs ont visité l'Égypte 3000 ans après le Déluge.

XX à XXVIIe dynastie. Les prêtres ainsi que les voyageurs grecs ont essayé, avec Ptolémée, de remonter des faits historiques les moins éloignés aux dernières dynasties indiquées dans les monuments et mentionnées par Manéthon. On a placé la XXVIe dynastie à 527 ans avant Jésus-Christ. La dynastie de Psammétique Ier de Manéthon a été déterminée par une inscription de la tombe Apis datant de 654 avant Jésus-Christ. Cette inscription postdiluvienne a été une cause de confusion, 1° entre les dates des monuments à l'aide desquels on a écrit l'histoire du pays avant le Déluge, et 2° entre les dates des monuments d'Apis qui n'ont pas manqué d'être érigés jusqu'au temps des historiens.

La XXVIIe et dernière dynastie a été également déterminée d'après l'inscription d'une tombe d'Apis où l'on voit que Tahraka a régné 685 ans avant Jésus-Christ. Pour atténuer l'erreur de dates à laquelle ont conduit les inscriptions des deux tombeaux d'Apis, on a proposé de reporter la mort de Psammétique Ier à 654 ans et la naissance de Tahraka à 685 ans avant Jésus-Christ.

Bockoris, roi de la XXIVe dynastie, est placé vers 715 ans avant Jésus-Christ. Ainsi l'avénement de Pétubastes, qui a eu lieu dans la XIIIe dynastie, s'est trouvé placé environ 800 ans avant Jésus-Christ. On a classé dans la XXIIe dynastie la prise de Jérusalem par Scheschonk.

XXe, XXIe et XXIIe *dynastie.* Il ne s'est pas trouvé de monuments pareils aux inscriptions des tombeaux d'Apis pour déterminer ces dynasties. Au moyen du lever de Sirius il est impossible de déterminer l'époque de la XXe dynastie, qui a été placée par Biot environ 1300 ans avant Jésus-Christ.

XIXe *dynastie*. On suppose Moïse contemporain de Ramsès II 1300 ans avant Jésus-Christ, et la XVIIIe dynastie est placée 1800 ans environ avant Jésus-Christ, époque où les pasteurs furent chassés de l'Égypte.

L'état où les voyageurs ont trouvé l'Égypte, et dont il est parlé dans l'Écriture, n'est d'accord, en ce qui concerne les monuments, qu'avec les inscriptions des tombeaux d'Apis, inscriptions dans lesquelles sont mentionnés les rois qui figurent dans les dernières dynasties. On ne trouve nulle part les habitants dont on voit la physionomie dans les monuments anciens. Ainsi il est incontestable que ce ne sont pas les Hébreux qui ont porté les pierres des pyramides; ces pyramides avec les obélisques, les statues, les temples, les nécropoles, le labyrinthe, etc., ont tous été construits avant le Déluge.

Signification de quelques noms propres. A l'égard des noms grecs, leur ortographe ne donne lieu à aucune erreur, tandis que dans les noms slaves il entre quelques chiffres d'alphabet qui ont été remplacés par d'autres de l'alphabet français. Pour prévenir toute objection, je me bornerai à citer les noms helléniques et les noms slaves qui se lisent de gauche à droite ou de droite à gauche, et sur lesquels il ne s'est élevé aucune contestation.

Noms helléniques. Dans la description des tableaux (§ 292) se trouvent citées plusieurs formes symboliques des divinités.

Ammo-n, lu de droite à gauche, fait ὄμμα = œil. Ce dieu porte des cornes de bélier comme le dieu *Arnon;* cependant Aménophis n'a pas effacé le nom d'Ammon, dont la figure est ronde, mais seulement le nom d'Arnon à figure de bélier.

Amos-is. Si l'on omet la catalixe *is* en lisant de droite à gauche, on a σῶμα = corps.

Psamenetique, ψαμμητικὸς = sableux ; ψάμμος = sable.

Noms slaves. Le héros le plus renommé de l'Égypte se

nommait Rams-ès Meïamoun; *rams*, lu de droite à gauche, fait s' mar = avec monde (la lettre *a* se prononce comme η ou ε). Meiamoun lu de droite à gauche n' oum *ia* em = j'apporte au souvenir.

Sesostr-is ou se s' ostr = toujours avec (arme) tranchant ou coupant.

Amenemes, lu de droite à gauche, seme nema = semence manque.

IV. ILIADE D'HOMÈRE COMPOSÉE D'APRÈS LE POEME SUR LES EXPLOITS DE SÉSOSTRIS.

§ 326. Après de longues discussions, les archéologues se sont accordés à dire qu'il n'y a jamais eu de guerre entre les habitants de la Grèce et ceux de la ville de Troie. Au lieu de se borner à cette observation très-juste, ils sont allés trop loin, et ont traité de fiction tous les exploits contenus dans l'Iliade, fiction engendrée par l'imagination du grand poëte. Les philologues, après avoir fait la part des enjolivements poétiques qui se trouvent dans l'Iliade, ont hésité à considérer le sujet matériel comme une pure fiction, car les beaux-arts ne consistent que dans la coordination élégante et multipliée des faits réels.

Ces opinions divergentes ont trouvé leur explication dans la découverte de l'histoire de l'Égypte avant le Déluge. Dans la collection Sallier, on a trouvé quelques parties d'un poëme comparable à l'Iliade. Ce poëme seul ne suffirait pas pour éclaircir les questions dont il s'agit si les exploits qu'il mentionne ne se trouvaient représentés dans les tableaux appendus aux murs des temples. J'ai prouvé que les temples avaient été construits avant le Déluge, d'où l'on peut conclure que les exploits sont réels et qu'ils sont antérieurs au Déluge.

En mettant à part les embellissements, j'ai trouvé dans l'Iliade les mêmes objets matériels que ceux contenus dans les tableaux conservés sur les murs des temples. Ainsi j'ai été conduit à apprendre que le poëme composé en Égypte était répandu dans l'Hindoustan parmi les Hellènes avant le Déluge. L'armée de Sésostris était composée d'habitants des villages originaires de l'Abyssinie et avait pour officiers les Hellènes, habitant des villes et parlant un dialecte de la langue que parlaient les Hellènes de l'Hindoustan.

Après le Déluge, il resta les Héllènes de l'Hindoustan et de plus ceux qui se trouvaient à Sennaar et en Abyssinie. Les nomades de ces Hellènes, qui parlent un dialecte fort ancien, sont les ancêtres des Tsigans (Γύφτοι); les Hellènes laboureurs qui pratiquent un culte sont les ancêtres des prêtres de l'Égypte, qui en ont raconté l'histoire aux Hellènes qui ont visité le pays. Ni les prêtres de Sennaar ni les Hellènes de l'Hindoustan ne savaient rien de relatif au Déluge et aux désastres qu'il avait produits en dehors de la zone torride. Les ancêtres des Hébreux ont été les seuls qui ont observé les torrents cataclystiques dont a parlé Moïse en en donnant une explication semblable à celle qu'il a donnée de la confusion des langues.

Les Hellènes de l'Hindoustan sont les ancêtres de ceux qui, 2000 ans après le Déluge, ont trouvé inoccupées l'Asie Mineure et la Grèce, et s'y sont établis tout en restant en communication avec l'Hindoustan qui n'a pas cessé d'être un pays civilisé. Le poëme sur les exploits des Hellènes sur les Chetas slaves s'est donc propagé sous forme de chansons parmi les Hellènes émigrants. Pendant la durée de 3000 ans, ces chansons, en passant de bouche en bouche, ont subi mille modifications et embellissements poétiques.

Homère trouva dans ce grand nombre de chansons une matière à l'état naturel, mobile et non fixée sur papyrus ou conservée à l'aide du dessin. Après avoir pris une notion exacte de ces chansons et les avoir classées dans sa mémoire, Homère invoqua la Muse pour les chanter en prenant pour organe la bouche du poëte. A titre d'exemples, j'établirai des points de comparaison entre les exploits des héros, des pays et des autres détails contenus dans les tableaux décrits au § 292 avec les exploits, les personnes, les pays et les autres détails contenus dans l'Iliade. Après moi, un autre pourra augmenter le nombre de ces exemples sans rien changer aux miens.

I. La flotte de Sésostris, composée de 400 voiles, part de l'Égypte par la mer Rouge et débarque sur la rive de l'Indus une armée qui, après un grand nombre de victoires remportées dans des batailles différentes, prend d'assaut une grande ville, et la guerre se termine au bout de vingt ans.

La flotte des Hellènes, composée de 1000 voiles, part de la Grèce par la Méditerranée, entre dans les Dardanelles, et jette sur la rive du fleuve Scamandre une armée qui, après un grand nombre d'exploits et de succès, secondés par les dieux qui prenaient part aux batailles, s'empare de la ville de Troie, et la guerre se termine dans l'espace de dix ans.

Il y a donc eu un rapport inverse entre la durée des deux guerres et le nombre des troupes apportées par les deux flottes; ces guerres se terminent par l'occupation de la capitale du pays ennemi, située sur la rive d'un fleuve. Les pays ennemis qui ont été soumis se trouvent en Asie.

II. Les peuples vaincus, les Chetas et les Troïdites, sont des habitants de l'Asie d'origine slave; les vainqueurs sont des Hellènes habitants de l'Égypte et de la Grèce. Les Hellènes ont sur les Slaves non-seulement une supériorité physique, mais encore une supériorité intellectuelle. Leurs passions physiques éclatent dans des occasions naturelles, mais bientôt la sagesse, fruit de l'éducation et de la civilisation, prend le dessus sur les passions.

Les Hellènes et les Slaves formaient une seule et même nation descendant de la peuplade sortie de Malacca. Lorsque cette nation se fut multipliée avant le Déluge, les familles qui ne trouvèrent pas les moyens de se nourrir dans leur pays natal en sortirent. Cette séparation locale donna naissance à deux dialectes, de sorte que parmi les noms propres, 1° les uns indiquent par leur signification si l'individu est Slave ou Hellène, 2° d'autres noms des Hellènes sont dérivés de la langue slave, et le plus souvent les Slaves portent des noms helléniques. J'en rapporterai ici un certain nombre à titre d'exemples, et ce nombre pourrait être beaucoup augmenté. Quant à la signification des noms propres des souverains et des dieux d'Égypte, elle est donnée à part; je me bornerai ici aux noms propres des Troïdites et aux noms géographiques des pays voisins, en laissant de côté les noms grecs Ἀστυάναξ, Κασάνδρα, Πολυξένη, etc.

Noms géographiques. Ὄλυμπος = *Olyb.* Ce mot lu de droite à gauche, et en prononçant la lettre *y* comme *ou*, fait *boulo*, qui signifie voile, allégorie des nuages que l'on voit au sommet de l'Olympe ou des montagnes.

Bosphore (dérivé du verbe *vospiraio*) indique la barrière qui empêche le passage = pore.

Dardan. Dar = done, *dan* = donné. Ce nom poétique indique le détroit par lequel les premières familles slaves passèrent en Europe.

Byzant ou *Vyzad* (*d* dur s'écrit ντ en grec) *v'ouzad* = du derrière (du Bosphore). Quand les Slaves étaient en Asie, ils ont appelé *v'ouzad* la partie du détroit qui est du côté de l'Europe.

La signification de ces trois noms géographiques a la valeur d'un monument historique incontestable pour ceux qui connaissent la langue slave.

Parnasse. Ce mot, lu de droite à gauche, fait *s' sin rap* = avec bleue couture (*rap* = sommet où sont les deux versants unis comme par une couture qui paraît couleur bleu de ciel).

Noms propres. *Priam* = personne qui reçoit.

Ἑκάβη, *iakava* = forte, robuste.

Πάρις, *para* = vapeur.

Κάλχα, *kal* = bouc, *kalah* = plein de boue.

Πενθεσιλεα, amazone, ayant cila = force comme cinq autres ; *pent* = *ped* = cinq.

III. Dans le poëme original figurait la ville de Thèbes et le nom du roi Memnon ; dans l'Iliade, ce nom est remplacé par celui d'Agamemnon. *Aga*, dérivé d'ἀγὸς signifie *chef.*

La description de la ville de Thèbes n'indique pas une ville pareille à celle qu'ont visitée les Grecs qui la trouvèrent ensevelie dans le sable avec des colonnes, des statues et des obélisques renversés. Homère fait la description de cette ville telle qu'elle se trouvait dans le poëme original. Les parties conservées de ce poëme s'acordent parfaitement avec les tableaux et avec le passage de l'Iliade où il est dit que la ville avait cent portes, de chacune desquelles sortaient tous les jours deux cents voyageurs à cheval ou en voiture.

Une fois l'origine de l'Iliade ainsi découverte, toute dissidence a cessé entre les archéologues et les hellénistes ; ils sont restés convaincus qu'il eût été tout à fait impossible d'arriver à ce résultat par la voie qu'avaient suivie leurs devanciers. Ils auraient même regardé comme un insensé celui qui, avant moi, serait venu leur dire que la solution de la difficulté se trouvait dans la cause physique du Déluge.

De leur côté, les astronomes n'auraient jamais pu croire qu'il se passât sur la Terre un si grand nombre de faits qui ne permettent pas de méconnaître la liaison physique qui existe entre le Déluge et les comètes. Il est peu probable qu'il se rencontre quelqu'un qui ose révoquer en doute les mille preuves exposées ici sur la cause physique du Déluge.

A l'avenir il n'y aura qu'une seule science, la *Panepistème*, contenant l'exposition de la production des faits cosmiques d'après la loi de la Physique.

OUVRAGES DU MÊME AUTEUR.

Grand Atlas cosmobiographique présentant la Création et la Production des Corps célestes et de la Terre. 12 planches coloriées, avec texte; 1859. . . . . 26 fr.

Le Déluge et la Vie des plantes avant et après le Déluge; 1858. . . . . 6 fr.

Origine des Sciences physiques et des sciences métaphysiques. . . . . 6 fr.

Grand Atlas météorologique, représentant les faits météorologiques de l'atmosphère, les faits du magnétisme terrestre et les faits hydrostatiques des courants maritimes; 1860. — 12 planches coloriées avec texte. . . . . 26 fr.

Physique simplifiée par la découverte de l'origine du mouvement et de l'affinité. 4 gros volumes de 1000 pages chacun avec des figures dans le texte; 1864. . . . . 36 fr.

Physique céleste, 3 volumes de 1000 pages chacun, avec une carte céleste coloriée et figures dans le texte. . . . . 24 fr.

Tome I. **Système du monde** exposé, 1° d'après la disparition apparente des corps célestes déduite de la perspective; 2° d'après la distribution réelle de ces corps déduite de l'Astronomie. 1866.

Tome II. **Système planétaire** exposé dans l'ordre chronologique, 1° dans son état primitif avant la production des comètes; 2° dans son état actuel. 1862.

Tome III. 1° Mode de formation des corps terrestres et des couples primitifs des animaux et du genre humain, 2° la Terre et l'homme avant et après le Déluge; 3° la lumière et la gravitation des corps célestes.

Le **Grand Soleil** avec une carte céleste coloriée. . . . . 1 fr.

Tous ces ces ouvrages sont déposés chez M. T. HAZZIFILO, rue du Conservatoire, 6. Il est donné 15 exemplaires pour le prix de 10.

Le 3e volume de la **Physique céleste** se vend à part. . . . . 9 fr.

La **Physicochimie** paraîtra en plusieurs tomes.

Paris. — Imprimé par E. Thunot et Cie, 26, rue Racine.

www.ingramcontent.com/pod-product-compliance
Ingram Content Group UK Ltd.
Pitfield, Milton Keynes, MK11 3LW, UK
UKHW021130260726
13994UKWH00001B/79